今天的
人設是
專業上班族

推薦序 1.

在船上

袁瓊瓊／作家、編劇

阿發這本書，似乎該歸類為「職場兵法」。我因為沒什麼上班的經驗，這一類的書幾乎從來不看。讀完之後，意外的發現「這種書」還滿有趣的。也算是開拓了我的閱讀疆界。不過，或許只是阿發寫的有趣，並不表示所有這一類的書都很有趣。

對職場實在是認識不多，我的閱讀角度不大一樣。書中寫到的 BOSS 和同事的形形色色，我看到的不是職場的水很深，反倒是寫書的這個人。不太知道阿發的「上班」經驗有幾年，但是觀察出這樣多，這樣深刻，讓我意外的在阿發身上看到一種犀利。阿發本人，其實也很像書中所呈現的，不多話，似乎始終是旁觀者，但是非常敏銳。會把看到的部分立刻歸納整理，得出自己的一套思考出來。
伍迪阿倫說過：「喜劇是悲劇加上時間。」其實悲劇如果發生在距離之外，事不關己，通常也是喜劇。我沒吃過上班的苦，看這本書，因之很有種隔岸觀火的「樂趣」（抱歉）。許多人物和事態讓我發笑，覺得太精彩了，覺得完全可以拿書中的材料做一齣職場劇。而從戲劇觀點，這本書的四個大段落，其實正符合戲劇的起承轉合。一開始先警告大家：「不要幻想，真實世界裡不存在好老闆好同事」。之後就不留情的把人生的「實相」剝露出來：在職場裡，NG老闆和豬隊友才是「正常」。如果不想讓自己生無可戀，勢必得練就一套安身立命的功夫，而如何練出職場的「情非得已之生存之道」，阿發在書中有講，非常可能是本書「賣點」，我就不劇透了。
乾隆在南遊時，與金山寺的法磐禪師對話。兩人站在江邊，看著長江裡行船來往，皇帝問禪師：「這江上一天有多少船經過？」禪師回答：「兩艘！」乾隆詫異：「怎麼會只有兩艘？」禪師道：「一艘為名，一艘為利。」
這是許多人耳熟能詳的故事。人生於世，無論情不情願，都不免存身於這兩艘船上。「名利」既是人生目標，亦是生存之道，其實無可厚非。職場內眾生相，也是個人面對名利的態度。老祖宗講究「人和」，把這當最高級的處世智慧。阿發在書裡告訴了我們，在職場如何「做人」而又不失去自己。而在生活裡，如何「做人」，我們可以期待阿發的下一本書了。

推薦序 2.

如何在職場舞台上演好自己劇本

Repeat／人類圖認證講師

身為人類圖的講師，最常遇到的就是來找我詢問感情和工作：「這個人適合我嗎？」、「我適合做什麼樣的工作？」、「這個主管跟我是不是不對盤？」、「這個工作環境是不是該離開？」

這些跟工作相關的問題，在阿發這本書的第一章，便精闢地幫大家做了一個最真實的點醒：「沒有所謂的好老闆或好團隊，只有適合彼此的組合。」

無論在感情還是在工作，不愉快、爭吵的情境都是屢見不鮮、家常便飯，根本的原因只有兩個：對彼此的不了解，還有誤會了自己的定位。

人類圖致力於讓大家知道自己的「原廠設定」、「人生使用說明書」，但在職場上許多萍水相逢，要真摯的了解對方又談何容易？

那你至少要了解自己。了解自己，就是明白自己的底線，當我們掌握自己的人我分際後，才能在人與人的互動當中，保有自己原有的真實。

就像阿發在本書中所啟示的：「職場就是人生修練場」，依照我們的「人生使用說明書」，每個人在職場中都有自己的劇本，但許多人在工作中感覺痛苦，時常是因為拿著他人的劇本，演著自己的戲。

荒謬的台詞當然與自己格格不入，要怎麼超脫一切、看清職場潛規則？阿發在本書當中，正是以自身的經歷，告訴了大家這場戲可以怎麼演。

如果你想要模仿阿發在職場中的辛辣與瀟脫，先不要，你學不來，那是阿發專屬的特質。但你在職場中的酸甜苦辣，將在這本書中藉由阿發的文字成為你的舌頭，幫你訴說著每一天「笑著流淚、哭著微笑」的職場生活。

推薦序 3.

從另一個層面思考職涯的方法

Zoey／佐編茶水間創辦人

我目前是位住在美國的全職個人品牌創業家，作為長年遠距／在家工作的一人公司，我其實一點都不後悔朝九晚五的那段歲月。

在大學畢業之後，我也和一般的社會新鮮人一樣在辦公室打卡上下班。當時的我內心滿懷不甘，恨不得能夠 Fire 自己的老闆，無憂無慮的在家工作。事隔多年，我的心願成真，但過往那些在公司拼死拼活、甚至覺得很委屈的時光，反而變成另一種心靈肥料，在我需要的時候為我撐腰。

許多年輕人會想要在一畢業之後就「不用看老闆臉色，自己作主」，但其實，在職場上的收穫，不是只有金錢，而是許多無形的機緣、人脈、資源，甚至是一輩子的友情（或愛情）。相信這本書，可以給正要踏入職場的新鮮人多一層觀點，或多一層經驗去思考自己的職涯與生涯規劃。

推薦序 4.

這是一本人生工具書

王世緯／好媳婦食堂表演課創辦人、演員

如果八卦與共同的敵人可以創造友誼，那厭世也會。這就是與阿發相遇的緣分。我們在一個平靜追求潛意識的場合相遇，然後就用奇妙的厭世氣場交換了友誼認證。

拜讀她的文字，真心佩服，職場上的潛規則之多，生存哲學足以出一本書，然後，她就出一本書了。嚇死人，這根本是人生工具書呀！不只勸戒你平庸機智就是福，更有潛台詞先修的實作訓練。身為演員，從這本書裡亦能找到鼓勵表演入門者的話：「妳／你沒有不好，只是面試樂透沒中獎而已」所有的試鏡／徵選也是很看緣分的，別老是往心裡去。「忙碌是有層次的，瞎忙、真忙和裝忙」角色構思的比喻也是這樣，如何在舞台／鏡頭裡表現出層次是實力啊。

推薦序 5.

當個上班族，也是一種「專業」

胡雅茹／廣翰思惟教育長、心智圖天后

看完這本書，讓我想到有個名主持人兼名作家，他所談、所寫的領域就像太平洋般廣闊。在外人眼中，他是時間管理大師、各領域的超人、坐擁金山銀山的神人。

這位神人聘請眾多寫手，一個寫手就是一條生產線，直接幫他擬定主題、蒐集資料並寫成文字，他買斷權利後再交稿給出版社，很有紀律地出版新書。該名人的成神之道，不是在「專業」本身奮力一搏，而是在「專業以外」的領域施巧勁、動腦筋。當然，名人絕不會公開這類的成功之道，但是阿發的這本書會！

閱讀《今天的人設是專業上班族》，就像是和阿發喝下午茶，聽她講一千零一夜故事集，你將見聞職場中奇人異士的「專業事蹟」和那些不能說的祕密。每篇文章閱畢後，你會不禁又驚又喜地讚嘆一聲：「這個下午茶時間過得真爽！」

如果你想要……

1. 掌握主管與下屬的身、心、靈，卻不想看生硬的管理叢書，例如《彼得原理》、《馬斯洛人性管理經典》等等，你就得來參加阿發老師的下午茶。
2. 掌握辦公室政治、快速飛上高階主管之位，你更要來。
3. 永保安康、無災無難，閒雲野鶴地過著小日子到退休日，你絕對要來！

翻開書，你會學到上班族的「另一類專業」！

作者序

上班會苦，是因為你還想做自己

演化論是真的，人類的夢想是會進化的。我小時候，爸媽口中那些優秀的表哥表姊有為親戚們，都有一份「好職業」，他們要不在銀行或公家機關捧不銹鋼飯碗，要不在知名的企業當高階白領。當時的社會潮流是這樣的，進入大公司或大組織，掛狗牌當風光社畜，是人生有出息的唯一正途。

時光快轉，我觀察到當今很多年輕人很迷惘，不知道自己的興趣、熱情在那裡，但他們的共同夢想是「不要當上班族」，彷彿朝九晚五（這邊就先別談朝九晚十的版本了）會帶來人生極致的平庸，彷彿去當上班族跟去坐牢一樣，絕對是歹路不可行。

去上班跟坐牢，到底哪個比較苦？我也常常在問自己這個問題。

有段時間我感覺上班當社畜，凡事聽話照做很苦。

這份苦，來自我的職業背景。

在美國取得口譯碩士後，我回台灣進入了新聞電視台工作，負責撰稿、寫專題，這份工作雖沒太大的前（錢）景，但獨立性高，同事人也都很好，主管很愛碎念但是個善良的人，整體來説是我喜歡的工作環境，因此我在這份工作待了八年。

後來，我耐不住無聊了，我離開了新聞工作的舒適圈，為了探索自己究竟還可以做哪些事，也基於人生「轉型」必須勇於試錯，我嘗試了最被人討厭（或懼怕）的工作之一，成為保險業務員，之後又陸續體驗了不同型態的工作。後來，我進入了金融機構上班，成為典型社畜。

過去工作獨立，把自己手邊的事情負責任、有邏輯搞定的那一套工作思維，在組織裡不管用了。我很快就發現，職場是劇場，有人的地方就有戲。每個人都會因為各自的職銜或角色，有了某種人設，想要把事情做好，要先讀懂劇本。

一開始，社畜的世界把我搞得好亂啊，為什麼很多同事經常在不同情境下切換説法？雙標是日常，連表面的無腦發言或情緒失控，有時候深究起來，竟然是同事精心安排的戲碼。

於是我想通了，**職場就是劇場，是長壽鄉土劇，演得沒完沒了，昨天死今天復活那樣的戲碼**。如果我只是帶著我的原始性格試圖在職場裡做自己，那上班肯定比坐牢還苦。

於是我開始練習切換觀點，把自己當專業演員，試著讀懂別人的腳本，試著該入戲的時候入戲，**該出戲的時候要堅持干我屁事，絕對不管絕對不問**。

我知道我只是職場中的一名專業演員，我選擇階段性當上班族，不代表我犧牲自由，從此一路平庸到死。我待在職場成為專業上班族，是因為我有階段性的學習目標，是因為我有很多帳單要繳，而**做為交換代價，我必須發揮自己，卻不能完全做自己，這中間的心態平衡跟走鋼索一樣，需要時時刻刻謹慎拿捏、專注練習**，以免不小心失足釀成意外。

如果抱著做自己的心念進職場，日子會很難熬。

一旦將自己切換為專業演員的定位，日子就好玩起來了。

因為這個定位，我會知道，我是有選擇的。**資淺時，任何角色我都接，因為我想磨練演技（工作能力），隨著經驗豐富，我更認識自己，這時就要慎選自己要參與哪種戲班，設定自己的戲路**。

上班苦，因為經常有很多身不由己。

上班不苦，因為如果知道自己的目標，我們總是可以找到方法，享受或對應眼下的所有荒唐。

我是個總是有很多OS的OL。一開始，我只是把我的職場觀察寫在粉專《阿發的寫作日常》上。當時仗著粉絲人數稀疏，想寫什麼就寫什麼。我經常利用下班時間分享今日荒唐，練習用黑色幽默看待，也寫下我對於組織裡習以為常現象的反思。

寫著寫著，有一天，台灣廣廈集團的冠蒨和沐晨出現了，兩人約我在星巴克懇談。那場會面類似非正式心理諮商，冠蒨問我，透過這些書寫，我的動機是什麼？有什麼東西不吐不快？

是的，是有很多東西不吐不快。我在職場裡觀察人性，觀察從眾效應，觀察各式各樣的荒唐劇碼，我吐槽我觀察到的荒誕，也試著透過書寫這些荒誕，理解更多上班族的無可奈何。一路上，我試著對自己或他人產生更多的理解，同時也不時對自己提出這樣的大哉問：「阿發，究竟，你想成為什麼樣的人？」

這本書大部分的內容，不曾在粉專曝光過。NG老闆、NG主管或NG同事聽了會皺眉頭說 How Dare You! 的實話，都寫在這裡了。如果職場讓你心累，跟閨蜜抱怨無效，跟公司HR反應被無視，那這本書可以有效舒緩你的厭世病。如果你身邊有你在乎的朋友在職場中奄奄一息，也很適合你隨手做功德，貼心把這本禁書偷偷塞進對方的包包裡，或是直接把這本書送給你的主管老闆當年節禮物也OK，畢竟主管老闆們也有他們的主管老闆們，食物鏈的概念，你一定懂的。他們會因為這份禮物，獲得心靈平和，或至少，更了解你。

最後，請容許我多嘴地、再次地對所有「迷惘、還找不到熱情或夢想」的多數人心靈喊話——

暫時找不到夢想或熱情，並不可恥，這樣狀態的你，很適合當上班族，你不需要自責沒有遠大抱負，光是將自己定位成專業上班族，負責任地執行完每一天的劇本，就是人生最大的成就。

在你明確找到自己的夢想前，請記得，上班不是拿來快樂，也不是拿來做自己的。專業上班族知道工作就是人生的八點檔連戲劇。上戲是為了領生活費。有資質、有抱負、夠幸運的你，可以順便累積代表作，也許哪天天時地利人和，拿下一座最佳影帝影后獎（最佳配角也行啦），一路攀上職涯高峰，那就Wonderful，萬德福了（當然也可能從此開始走下坡）。

萬一你資質或姿色平庸，也別擔心。你只要腰骨膝蓋夠軟Q，當個稱職配角，有位就卡，有戲就演，就算被發到丑角也全力演到位，下戲後還不忘當導演或製作人的閨蜜或工具人，只要認命，活到老演到老，吃喝不愁永保安康，終身成就獎一定到手。

今天開始，訓練自己當專業演員，演好自己的戲，看懂別人的戲，荒唐中求生存，你的日子會愈過愈輕鬆。

祝福你，早日離苦得樂。

contents 目錄

第二章 會做事不如會演戲，面具就是你的超能力！

contents 目錄

第三章 比起全面付出，選擇性努力走得更快活

第四章 會打怪，不代表你得死守在怪獸身邊

CHAPTER

第　一　章

認清辦公室原廠設定：巨嬰老闆、豬隊友、鳥差事

醒來吧，這世界上不存在完美老闆

如果我來當人資長（很遺憾地我不是），員工新生訓練時，除了幫助員工了解公司文化多麼有遠見，內部組織分工如何跟著時代趨勢彈性變動，茶水間和蒸飯間使用守則等等這類「硬知識」，我更想告訴所有新進員工，**想要當個喜樂高效的上班族，你必須在心裡徹底放棄一切你對於完美主管、好老闆、神隊友同事的不實幻想。**

醒醒吧。很多老闆喜歡勉勵員工，把公司當家，We are family。如果公司就是我們的第二個家，既然跟你有血緣關係的爸媽和手足，也經常讓你頭痛火大，那麼跟你完全沒有血緣關係的主管老闆和同事，會找你麻煩、讓你火大才是正常的。

俄國文學家托爾斯泰在他的名著《安娜．卡列妮娜》裡有一句經典名言：「幸福的家庭都很相像，不幸的家庭有各自的不幸。」

這句話用在家庭和職場，通用、百搭。

我身邊有些朋友，爸媽開明，兄弟姐妹各自有成就，個性都很好，各自過著快樂的日子，也不缺錢。我常常跟這樣的朋友燦笑恭維，說你們上輩子一定有鋪橋造路累積福報，這輩子才能有好爸媽而且兄友弟恭，不用擔心錢。

恭維後，我會立刻擺出陰險的表情，聲音一沉，一字一句慢慢地說：「但是，天底下不可能有完美無缺的家庭，你們，一定有弱點！快告訴我你家的祕密！」

這聽起來像是好朋友間無聊的笑話，但我真相信托爾斯泰說的，幸福的家庭，元素不脫離那幾個模範項目。瘋狂的家庭，就像八點檔連續劇，讓人崩潰的元素往往都不一樣，有時候番顛的是大人，有時候讓人抓狂的是孩子，如果連遠房親戚都亂入就更精采了。

職場中，我們對於幸福家庭的想像是這樣的。大老闆有願景，有魄力，有擔當。主管英明有領導力，賞罰分明，願意耐心培養部屬並提供舞台。同事們能力互補，競爭中互求進步。

這樣的幸福職場，聽起來很無聊吧？就如同我們都希望自己出生在幸福的家庭，事實是，每個人的家庭都有一些毛病。

職場新鮮人期望，主管老闆是可以仰望的，是有膽識有肩膀，人品也不差的。明明面試時，主管看起來人模人樣，帶著自信笑容、和藹態度跟你說明這份工作很有挑戰性，適合積極主動想學習的人。等你一上工後，你才發現主管說的都是真的，工作真的非常挑戰，因為主管通常只出一張嘴又急性子，指派任務時像在得來速點餐，交代大方向後只說下班前給我就消失，一旁的同事對你的慌張沒有興趣，也沒有空解答你的疑惑，你只好積極主動拿出你的求生意志，試圖在各種混亂中匍匐前進。

這，才是職場中「不幸家庭」的真實樣貌。而且你會發現，**沒有所謂的好老闆或好團隊，只有「適合彼此」的組合。**

我認識一位人資長，是個明快直率有想法的人。她被高薪挖角後，為了方便推動業務，也把很有能力的前部屬挖角來自己身邊。不過，她告訴這位很有默契的部屬，未來的日子，如果有更好的機會，我鼓勵你去找不同風格的老闆跟，不要一直跟著我。

人資長的想法是這樣的，如果我們只習慣服務某種樣態或風格的老闆，久了，我們就會活在一個非常舒服的宇宙裡。萬一哪天你喜歡的老闆先離開一步，你愛的團隊解散了，接下來你要面對的可能就是你不習慣應對的對象，接下來的溝通日常，你就會上吐下瀉。就像一個平日健康乾淨飲食的人，到了印度旅遊，不習慣當地混亂隨興的風土飲食，腸胃注定要歇斯底里、發瘋哭泣。

打怪跟讀書一樣，都是用時方恨少，待在不完全幸福的家庭，可以幫助你脫離天真狀態，了解人性，培養淡定與屬於自己的求生策略。各種瘋狂看多了，溝通時遇到大事也可以化小事。

實力跟演技，請至少擇一優化

人跟人之間是有磁場的。如果職場走一遭，終究都要做牛做馬，那麼找到一個能讓你甘願做牛做馬的主管或老闆，是很有福報的一件事。

我認識一位資深業務員，年輕時，她是營業處的銷售天后，個性熱情直爽，也是個工作狂，因為業績亮眼，一路被晉升成為業務經理，再成為處經理。這位職場前輩跟我說，當年她很崇拜總經理，那時候的總經理知人善用，深謀遠慮，是位值得跟隨的領袖。

後來，換了總經理。新的總經理不喜歡聽人意見，凡事自己說了算。業務天后發現自己的想法和建議不再被上層重視，失去了知音感，她不願意幫自己不欣賞的人衝刺業績。

於是，銷售天后決定離開處經理的崗位，回到前線繼續當一人作戰的業務員。提到往事，這位姊姊眉飛色舞地跟我說，「妹妹，你看起來也是個聰明人。我們這種人啊，就是講感覺。如果你是個咖，我服你，我就幫你一起打江山。

如果你不值得我付出，我何必啊？我自己賺還比較快！」

銷售天后明顯就是不能被馴化，只能被感化的類型。如果你很清楚自己是個感情動物，有個性，需要被看重，又很挑老闆，那你最好也要在本業上是個咖，擁有不求人，或老闆很需要的核心實力，才能很瀟灑地做選擇。

工作中感到困頓無奈，往往是因為我們自覺「沒選擇」。消除困頓無奈，活得接地氣，就要學學我提到的這位銷售天后，擁有可以隨身攜帶、到哪都吃得開的工作能耐，那麼就可以比一般人灑脱。

如果沒有出色的能耐可以不看人臉色，那麼想要在職場上離苦得樂，你要立刻改變策略，培養隨時可以川劇變臉，現實且認命的強大心理素質。

沒有所謂的好老闆或好團隊，
只有「適合彼此」的組合。

老闆全身都是敏感點，請盡早摸清老闆的點

如果說，**職場就是人生修練場，別把自己的面子看得太重要**，絕對是重要的一門功課。這已經是第N次了，有同事來跟我擊鼓申冤，說著在高階主管會議裡，被主管飆罵指責，內心委曲、艱苦（台語）。

同事A在會議裡，跟業務長報告了專案進度，業務長不滿意整件事的處理方式，怒火從海底輪升起，劈哩啪啦訓斥了同事A跟她的主管一頓，還拉大嗓門要A跟她的主管道歉！A覺得很委屈，認為她只是執行者，不是決策者，不該被颱風尾掃到。

「連我爸都不會這樣罵我，我才不會去跟他道歉！」同事A忿忿不平。

過往她的主管都是溫良恭儉讓類型，她也是家中的寶貝么女，被眾人捧在手心輕聲細語呵護才是常態。被情緒失控的業務長飆罵，她的尊嚴過不去，過不去啊（京劇甩頭）。

「我要是妳，我會找個時間去道歉，然後聽聽業務長想說什麼。」

阿發跟生氣的同事A建議，找個時間去跟業務長道個歉，聽聽業務長在意什麼，了解他思考的來龍去脈。聽完我的話後，同事A看我的眼神，彷彿以為阿發嗑了藥、神經不正常。正常來說，職場中的好朋友、好姊妹，當妳有了委屈，應該跟妳站在同一陣線同仇敵愾，不是嗎？

 # 不要只結交只會跟你同仇敵愾的同事

 # 太多好姊妹好兄弟就是魯蛇的培養皿

年輕氣盛時，很容易覺得世界是繞著自己轉的。公司要有遠見，老闆要英明，主管要有智慧，同事每個都應該是神隊友。

如果看到這裡你噗哧一笑，那你一定能夠理解，真實的世界不是這樣運作的。真實的世界裡，公司就是要賺大錢，老闆有業績 KPI 要扛，主管就是老闆的奴隸，你跟我還有其他芸芸眾生也就只是專業的棋子。有的棋子只想把薪水領好領滿，有的棋子不想做事只想取悅主管，有的棋子只想自己殺進殺出懶得理其他棋子……

公司從上到下，不同的職位都會有自己最在意的點。

我敢打賭，讓業務長發飆的，絕不是單單這位同事個人的問題。可能業務長最在乎的那一點，不管是績效或面子，沒有達標，所以讓他一時怒火攻心。可能他今天一整天都沒開心過，同事的報告剛好讓他瞬間白燃。也可能業務長只是想罵隔壁鄰居家的孩子給其他高階主管看，藉此表達自己的不爽。

不管真正的理由是什麼，如果我們只是忙著心疼自己受傷的尊嚴和面子，我們就會讓自己氣很久，忘了把握機會搞清楚對方到底真正在意的是什麼。而且我很肯定的是，高階主管從來不會真的找 working level 同事的麻煩。很多時候我們只是剛好置身在一個「局」裡，不管你被罵或被稱讚，這些行為後頭都有一個更大的 purpose。這個 purpose 跟你本人無關，跟這整個局，跟高階主管個人利益或整體目標更有關。

這就是為什麼我告訴氣噗噗的同事，如果願意，找時間去跟業務長道歉。道歉只是表面，真正要做的是透過聊天、鑽進對方的腦子裡看事情，了解眼前這個人真正的在意到底是什麼。

畢竟，**一個人在怒火攻心時，最容易透露真正的自己**。下回老闆火大時，記得放下你的個人尊嚴，好好欣賞跟揣摩眼前這個人，正在跟你透露什麼。

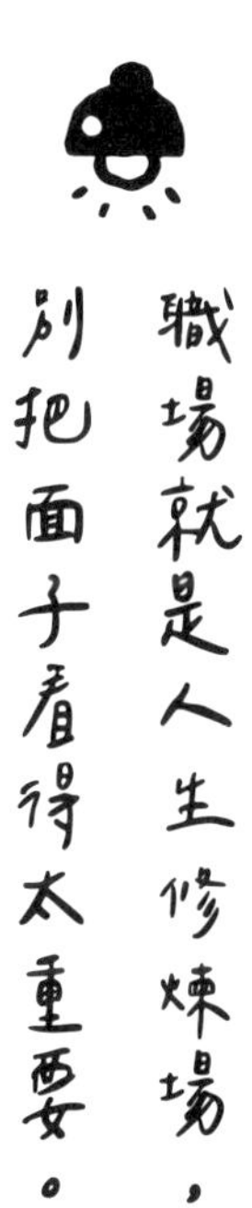

荒唐主管是業力輪迴，靠自己修練才能超脫

我們都知道，家人是無法選擇的。世界首富巴菲特阿北說過一個絕妙比喻：「中娘胎的樂透」，說的是你我經常被人生中的「機率」和「運氣」給左右著。不只家人不能選，很多時候你也無法選擇你的主管和老闆。而通常當你兩手一攤，覺得沒輒只能忍受時，我打包票你也是在職場彩券行中了某種高額樂透彩。

一位女性友人，很幸運地中了職場高額樂透。她在公司服務多年，已經受夠了自己的獅子座老闆。老闆保守謹慎，容易焦慮緊張，不擅長和同仁交心，也沒有任何部屬培育計畫。老闆給所有人的指令，就是聽話照做，還得機靈、舉一反三，懂得避開任何不必要的麻煩。

獅子座直屬老闆還有一個習慣，需要扮黑臉、跟其它部門吵架時，一定把這樣的重責大任，透過衝突發光發熱的舞台讓給下屬。獅子座老闆會交代朋友一定要緊守界線，其它部門同事開口要求東要求西的時候，一律說「這我們要帶回去研究」、「我們都是照規定來的，所以沒有辦法」。

總之，能推的工作要推開，能避的麻煩要閃開。

當然，能刷的存在感不能錯過！

但人生多的是閃不開的麻煩。當別的部門直接找上獅子座老闆爭論時，老闆會從霸氣獅子變成溫柔小貓咪，老闆對其他部門的同事，特別是職階高於自己的人，總是溫良恭儉讓，第一時間，態度誠懇地將責任推給下屬，最常用的說明句型就是：「啊，這一定是某某某沒搞清楚，弄錯了，我叫她一定要改過來，抱歉造成你們的麻煩了！」

獅子座老闆除了看上不看下，對外人白臉對自己人黑臉，另外還經常選擇性失憶。明明前天交代公事要用CFG步驟處理，今天開會聽取進度時，就會眉頭一皺，心急發飆狂罵哪個人這麼不懂效率，為什麼要用CFG步驟處理？幹嘛不用ABC比較快?!

終於有同仁聽不下去，勇敢舉手，冷靜提醒這隻母獅子：「老闆是這樣的，前天開會時你交代要用CFG步驟」……朋友說，這時候就可以欣賞老闆臉色跟落日餘暉一樣千變萬化。因為血壓正高、怒火正旺，一下子無法接受無腦的是自己的事實，卻也想反駁些什麼，於是獅子座老闆臉色一陣青紅變化後，生硬吐出一句：「是嗎？我怎麼沒印象。」

朋友說，一開始，沒經驗的自己還會白目舉證，跟老闆說有啊有啊，上次開會時因為我跟你說了什麼，你那時候的擔心是什麼，所以最後你要我採用CFG步驟處理。是你說的，你忘了嗎?!

這樣的舉證和自我辯駁，往往把老闆惹得更火大。隨著打怪經驗值攀升，朋友漸漸地不再反駁老闆，不再積極舉證，老闆愛發火就發火，愛用今日的自己否決昨日的自己也fine。

心理學有個「習得無助」的經典實驗，一九七五年，美國正向心理學之父 Martin Seligman 借來一些狗進行分組實驗。狗狗會遭到輕微電流攻擊，唯一的差別是，第一組的狗狗可以透過碰觸槓桿或逃離障礙物來中止電擊。第二組狗狗不管做什麼，都沒有辦法停止電擊。

實驗結束，心理學家發現，第二組的狗狗會陷入一種慢性消沉、類似憂鬱症的狀況，這個現象被稱為習得無助（Learned Helplessness），因為什麼都做不了，也逃不開，乾脆就擺爛消沉吧。

朋友偶然讀到這個心理測驗，發現自己原來就是那條被搞成憂鬱症的狗。她恍然大悟，不管她跟其他同事做什麼或說什麼，沒有自省能力的老闆，是不會改變的。與其當隻消沉的狗，不如來密謀如何逃脫荒唐老闆，斬斷業力循環。

終於，朋友等到了內部職缺，順利跳槽到另一個部門。她滿心期待，新部門、新工作、新氣象，自己從此鹹魚翻身，人生運勢就像跳上一台往上的電梯、going up～直到她發現，新的直屬主管，也是 another 女獅子。

一開始，這頭母獅子跟前一頭母獅子，感覺是不同品種的獅子。新主管看起來熱情友善，老是揪朋友一起中餐、聊八卦，營造姊妹淘的默契。「有任何事都可以來問我！」這句話是新主管的口頭禪。

直到換部門蜜月期一過，看似大喇喇、開明直率的主管，開始變化球路。

「欸，等一下我要去見國外行銷部的頭頭，你幫我去對街買個鳳梨酥當禮物。」獅子座的霸氣，像再也粉飾不了的重度壁癌，處處露出痕跡。新主管開始重用我的朋友，將她當成個人Siri（以下請容許我用Siri代稱我的朋友）。

「Siri，我需要你的幫忙，上次開會大老闆要的那個表格，你今天下午整理給我。」Siri很快發現，獅子座老闆的語音輸入指令，總有幾個標準起手式。

當老闆說「我好奇……」，她要說的是「我搞不清楚狀況，你趕快把事情跟我交代一遍」。當老闆說「我需要你的幫忙」，她的意思是，我有很緊急的爛差事要丟給你，只是這樣講讓我聽起來比較像個開明的主管。當老闆說「對對對，其實我也這樣想」，她的意思是，我本來六神無主完全沒想法，既然你有想法，我就＋1。當老闆說「我們找大家來開會好了，這樣溝通比較直接」，她的意思是，其實我自己也講不清楚，倒不如由你們直接跟對口負責單位講清楚，但我會坐在會議室裡頭展現一位領導的氣度。

Siri 很快發現，新品種獅子座老闆是另一宇宙。老闆喜歡跟上頭畫大餅、打包票，包回專案工程後，轉手丟給下屬處理。如果是小工程，獅子座老闆認為成效不會太好，或是非上頭重視的關鍵內容，她就會開明地跟 Siri 說，這專案交給你，我相信你。

等到小工程有了不錯的成效，原本堅信完整授權、給下屬發揮空間的老闆，會突然改變態度，要求跟著 Siri 參加對上級主管報告成效的會議，「我跟你一起去，沒關係，我來報告就好。」

老闆雖然展現一肩扛起的霸氣，不過到了報告的時候，又因為工作內容並非自己經手，對於來龍去脈也沒有花時間吸收，所以常常有失控的自走砲表現。Siri 跟同事在會議中不得不提出 by the way 的補充說明。

既然是補充說明，就有打臉老闆的風險。Siri 後來曾被獅子座老闆約談，老闆明確表示，未來在任何會議上「希望我的組員都跟我站在一起，都是支持我的！」

Siri瞬間了悟，老闆要的不是正確，不是邏輯，而是組員的心。

老闆要的，是被尊重和被理解。

前後兩隻獅子座老闆，宛如前世今生，上輩子的修練，累積成這一世的聰慧。Siri學會了耐心，直屬老闆的膨風誇大或錯誤見解，有緣人總是會發現的。如果其他人還沒發現，那就是時候未到，拆除地雷，成功不必在我。

前一個獅子座老闆，教會我朋友「習得無助」。

第二個獅子座老闆，教會她「習得平常心」。

朋友學會用平常心看待獅子座老闆精準掌握KPI精髓，只出席有大頭的會議，搶著報告有具體成效的專案，專心照顧呵護老闆的感受。喔，這應該不是獅子座老闆的特質，任何有心往上爬的人，甚至包括自己，也都該學學這樣的技能。

朋友也終於了悟，**不管換去哪間公司，換了哪個部門，換了哪個主管，職場修練、業力流轉，宛如佛教世界闡述的六道輪迴境界。沒辦法控制以及修練自己面對荒唐老闆的策略，就要陷入永恆的煩惱跟業力糾纏。**

為了不讓自己在三惡道輪迴，每天張眼看到的就是地獄、惡鬼跟畜生，有心精進的上班族，必須思考自己該如何鍛鍊平靜的心理素質，勇於劃清界線不讓蠢老闆破壞自己的一天。超越，才能停止業力輪迴。

這是我的朋友在中了職場樂透，連續服侍兩位獅子座老闆後的心得。無關宗教，但求超脫。當獅子座老闆各種行為再也無法破壞她的好心情時，朋友知道，那就是她 level up，前往職場來世的時候了（和藹笑）。

惡夢主管是前世今生的修煉，幫助你累積這一世的聰慧。

職場裡多的是
能力撐不起頭銜的漂亮草包

「草包主管，終於出包了。」

朋友K輕描淡寫說著，雖然我知道，她的心情並不輕鬆。

K的草包主管頂著美國名校學歷，前陣子被公司高層重金禮聘，空降成為商品開發長。問題來了，草包主管先前並沒有待過商品開發或企劃的單位。商品，是企業的命脈。讓沒有直接相關經驗的人帶領商品開發，上層的人事任命，讓商品開發部門的人滿頭霧水。

朋友和同事們輾轉耳聞，草包之所以空降成功，是因為他說了一口好英文，可以應付阿兜仔老闆和國外集團的溝通工作。

顯然，**在職場闖關，有時候讓我們勝出的不是核心能力，而是關鍵且相對稀缺的第二能力**。人脈，運氣，長相，性別，說話得人疼會看臉色，會拼酒，會說外語……這些ＪＤ上不會被列入的項目，才是一個人往上爬的關鍵原因。朋友開始思考，與其考專業證照，不如上網買英文課程，也許更能幫助她在職涯中大躍進。

Ｋ還來不及報名英文課程，日子已經被草包主管搞得烏煙瘴氣。

第一次陪草包主管出席商品會議，行前準備的簡報卻被這位英文啵棒的新主管退回了。新主管對簡報內容沒有想法，但指示Ｋ要增加一頁封面，並且調整附件表格，確保看起來夠"professional look"，Ｋ的手指在空中劃出引號。

「我不只給他 cover page，我最後還加送他一頁 thank you page！」Ｋ感到氣憤，看來國外名校畢業的老闆看不出內容好壞，只在乎有一份專業且不失禮貌的簡報封面。草包老闆因為核心專業弱，只好強化周邊呈現。除了愛在枝微末節的細節上死纏爛打，他還喜歡在年輕同仁面前吹噓自己的能力。

有次會議中，草包老闆突然提起自己的識人術，說自己面試新人，一定會問對方「你以前有沒有作弊的經驗？」

看大家聽得一頭霧水，頭上出現了粗體黑人問號，草包老闆感到得意，繼續拆解他的識人術如何高明。如果對方說有作弊的經驗，他就覺得對方一定是個機靈的人，是個目標導向的人，是個可造之材。如果對方說沒有作弊的經驗，這樣的人太耿直，太不靈活，太不好用。

聽到的當下，K低頭假裝忙著作筆記，空白頁上爬著「他是白癡」、「腦子有洞」這一類的宣洩性字眼。同時，K悄悄看了身邊同事，笑得燦爛點頭稱是的，都是有把年紀、社會化程度高的同事。年紀輕一點的同事，嘴角拉出了一條不知道該算微笑還是輕蔑的弧線，眼神失焦看不出情緒。

原來附和草包老闆，也有世代落差

社會化讓我們不得已聽了更多垃圾話

草包主管還沒過試用期，已經惹出管理沙塵暴。因為極度缺乏核心專業能力，經常搞不清楚狀況就包了一堆工程回部門，讓商品開發部同仁累得半死。

累得半死就算了，草包主管雖然高壯，肩膀卻連基本的職務代理責任都撐不起。K有一次出外開會，草包主管搞不定一個數字，竟然不願意親自撥電話詢問相關部門，反而趁著午休空檔，把K的公用電腦帶到外地開會場所，要K幫他查清楚。

K內心涼寒。眼前這位頂著美國名校高學歷的副總，除了腦子不可靠，肩膀不可靠，連嘴巴都不牢靠。草包主管的性別意識，沒有跟上時代的腳步，彷彿還停留在阿公店時代，一開起女性的玩笑，就沒完沒了。

當大家討論要派哪位同仁去外部提案比較有優勢時，草包主管大笑說，當然要找裙子穿短一點，漂亮的，比較有機會。那樣子，彷彿覺得自己很幽默，而其他人不知道怎麼應對，只好再度保持禮貌但不失尷尬的微笑。

就這樣，空降不到三個月，部門接二連三走了好幾人。K說，最近一位同事跟草包主管提離職時，主管忍不住脫口大喊：「你怎麼可以這樣對我？」悲憤的音浪，穿過辦公室牆壁，所有人都尷尬聽到了。K在心中下結論，草包英文雖好，心理素質低落，是個巨嬰，還沒長大。

草包的各種事蹟，終於輾轉傳到了高層。這位曾經喝過洋墨水，曾經在業界蒐集過不同高階職務點數，如今終於來到不適任的職涯巔峰。搖搖欲墜的職場 lucky boy，經過高層點化和輔導後，態度變了。

K說，草包最近應該是被高層約談、留校察看了。他的態度驟變，變得極為客氣。口頭禪除了維持慣常的「那我該怎麼辦?!」，現在更常掛在嘴邊的是「請、謝謝、麻煩你」，沙文主義的笑話也加裝了防漏裝置，較少脫口而出。只是，**態度變好，還是無法改變一個人不適任的事實**。我相信許多有抱負有想法的上班族，都曾經抬頭四十五度仰望自己的主管們，並且納悶著，他們究竟靠什麼關鍵第二能力或神祕超能力，爬到這個高度？

K說她最近追了 Netflix 一部紀錄片（註），探討美國大學的舞弊醜聞。許多政商名流、演藝人員、有錢爸媽，為了確保孩子永遠是人生勝利組，花大錢走後門，用盡各種方法讓孩子擠進名校窄門。孩子不須努力，也不用腦力，名校入場券，有錢就辦得到。

看完這部紀錄片，K說她看開了，她不該認為英文好就代表實力好。「英文好」、「學歷高」不能代表一個人優秀，只能證明這人（的爸媽）曾經花了很多錢。同樣的，「經理」、「協理」、「副總」這些職銜也不代表一個人絕對有能力，頂多只能證明掛著這些職銜的人肯定做對些什麼，「相對幸運」或「相對不幸」而已。

K說英文夠好就好，敢用破英文開會或跟人吵架才是真本事。如果英文好的草包老闆有教會她什麼事情，那就是主管不牢靠，只能靠自己。K知道跟著這一類的主管，實在難以走出個人職涯康莊大道，一定要想辦法累積自己的好運籌碼，豐厚自己的羽毛，然後趕快離開靠不住的主管。

不用夠好，只要夠敢。用這種精神勇闖職場，就夠了。

註：Netflix 紀錄片中文片名為「買進名校，美國大學舞弊風暴」。

NG老闆提拔NG子民，是一種業力吸引

好友：阿發，我前陣子把你推薦給我主管了。

阿發：喔喔，你怎麼介紹我？

好友：我說你是個屁孩。

阿發：我屁孩?!

好友：對，我說被你喜歡跟欣賞的人有福了。只要你喜歡的，你就甘願付出。你看不上眼的，就是 talk to my hand。

阿發：你確定這樣的推薦有加分?!（孟克吶喊貌）

職場中的推薦介紹 reference check 很弔詭。

不同朋友都曾經聊到，產業圈子小，要打聽一個人的口碑其實很容易。但不知道為什麼，每間公司多少都招募過NG人選，悲慘的是，這些NG人選不少還是高階主管，有權力帶著一間公司、一整個營業群或一整個部門去撞冰山的那種重要職務。

C說，公司的某某長，就是他前公司的高階主管。業界打聽一下，都知道這個某某長之前曾捅出大婁子，而且說到人品，嘖，有口皆碑的不OK。HR難道不做reference check嗎？業界打聽一下，就不用回收垃圾了，看看，公司一年出這麼多錢養垃圾，這樣好嗎？

科技業的J立刻搖手指說，大家都太天真了。

「你們又不是美少女戰士，也不負責公司策略，阿發你說說看，你年薪多少？C，你的年薪呢？有沒有兩百萬以上？」

我跟C靜默搖頭，赤貧的人，果然沒有說三道四的籌碼。J繼續發表他的觀察。高階主管的條件，通常沒有一個固定輪廓，端看各企業的階段策略需求。高階主管難找，許多人選是透過人脈推薦，很像以前的貴族通婚，娶來嫁去的都是自己的近親，內定是常態。

「你如果是ＨＲ，老闆要的人，就算再ＮＧ，你也不可能查到底。」Ｊ繼續說，ＨＲ跟名偵探柯南不一樣，招募人選的背景調查，很難看到全面。一來，你會提供的推薦人選，一定是會說你好話的人。二來，就算往下清查，調查看看高階主管人選以前帶過的部屬對前主管有啥評價，有趣的是，多數人並不會講真話，就算覺得前主管不ＯＫ，面對reference check時，依然會保守委婉，給上不痛不癢的評價。

「所以，要確定你招募的人，到底是正港珍珠，或只是保麗龍球噴漆裝成珍珠，就只能等這人上任，開始做事後，真相才會大白！」Ｊ說完，阿發立刻秒懂，我興奮拍桌大喊：「這是不是就像以前貴族，近親通婚，生出了白痴，才知道這樣不好?!」

比喻純屬個人偏見

選賢與能實屬困難

雖然是閒談，對於朋友的觀察，我並不意外。

公司的升遷制度，設了三百六十度環評機制。但當老闆真心愛上一個人，想方設法要把這個人選拉上位，就算三百六十度報告裡斑斑血淚控訴這個人不ＯＫ，只要老闆夠強勢，或夠鬼遮眼，提拔一個不ＯＫ的人，輕而易舉。

況且，提拔不適任的人，代價是整個部門，整間公司共同承擔。老闆急著找人做事和扛責任，至於找錯人的代價，嘿，以後再說。

我滿臉困惑地問Ｊ，為什麼多數人不敢說前老闆或前主管不ＯＫ？

Ｊ仰頭長嘆，說阿發你真的太天真。多數人因為相信「世界是圓的」，抱著日後，或許，真的只是或許，哪天有機會又跟前老闆一起工作，所以不敢把話說死。所以，寧可不痛不癢，也不要說真心話。

Ｊ繼續說，要學習課題分離。公司選人一定有脈絡原因。**NG老闆提拔NG子民，也算是一種業力吸引**，reference check只是一門紗窗，紗窗會有破洞的時候，不一定能全面抵擋老鼠蟑螂蒼蠅蚊子，身為上道員工，一定要學習不對上頭決策進行多嘴評論。**只要觀察，就好。**

就在J的開示不久後，一位同業高階主管，拿著一位阿發認識的人的履歷表，來進行非正式的背景調查。

「阿發，你認識這個人對吧？」

『對啊，工作過，交手過，經常一起開會，怎麼了？』

「這個人的履歷表看起來很厲害，但實際能力怎麼樣？」

我差點就要開始進行三千字的長篇大論，幻想自己此時此刻正站在台北地方法院門口，準備按鈴控訴某位同事的無能。記者團的麥克風就湊在我嘴邊，我要揭發醜行，我要代表職場第一線員工的良心。

這時，腦子裡突然響起了J的提醒，課題分離，課題分離，你的寶貝可能是別人眼中的垃圾，你眼中的垃圾可能是別人尋覓好久的稀世古物。

瞬間，台北地院場景消失，眼前的隱形麥克風消失，我清楚意識到我正在講電話，而且我必須當個上道的員工，我不能說真話，我必須不痛不癢。

「這個人啊……（沉吟思考貌）**化簡為繁，五星推薦**（正面明亮的聲音）。但這只是我的個人意見，你可以眼見為憑。」帶著我自己都不相信的正面態度，以及刻意輕巧上揚的聲線，我奉上了最誠摯的五星推薦。朋友掛斷電話前喃喃自語，這人的履歷表也太會寫了，看起來很厲害啊。

我相信我們總有方法推薦NG同事或NG老闆，只要你跟我一樣懂得善用文字的力量。不說破，只留給有緣人參透。

你眼中的垃圾，可能是別人尋覓好久的稀世珍寶。

上班族就是薛西佛斯下凡間

每位盡職的社畜，手上腳上都綁著隱形手銬和腳鐐，主管擅長透過綿密的瑣事代辦清單，拴住每位盡職的社畜，讓你我走不遠也飛不了，日日夜夜和芝麻綠豆小事纏鬥。

自從新加坡籍大老闆硬要在我們部門裡安插科主管後，我的PM工作瞬間從宏觀模式進入微觀模式。以前直接獨立向上級主管報告，談的是策略規劃，專案執行，成效檢討這一類的東西，現在多出了小主管，我的工作內容連帶細瑣化，才能呼應組織內階級設計的巧思。

那感覺像坐牢。交出自主判斷和獨立思考的能力，在小坪數的瑣事囚房裡，完成一件又一件不重要的瑣事，完成後，還要重新來過。

 # 自由誠可貴

 # 我感覺到薛西佛斯的苦了

舉個例子，讓你感受一下我的新工作日常。

部門小主管線上丟來訊息，要我去問公司總務如果簽合約，需要公司大章、小章，還有什麼章。再更早幾天，小主管突然問起我N年前的專案內容，要我去公槽裡翻找專案建置的成本資料。隔沒幾個小時，小主管又加碼任務。

「阿發，你幫我把A專案的費用跟B專案的報價數字相加一下，我要看會不會超出預算。」

小主管像個偵探，隨時都有掌握情報和兜攏訊息的需求，重要的情資他會自己掌握，細碎的打聽工作他學會了轉手外包，這一類的狗屁任務包括檔案打開來看一下，計算機加減乘除一下，打分機找人問一下就可以搞定的小事。

手邊沒事或心情還算寬裕時，都能笑看這種雞毛蒜皮任務。但當手邊有重要任務，正心情緊繃追趕死線（deadline）之際，主管亂入或硬要插播，跟你談論Excel表單格式要怎麼細調，廠商寄來的圖檔有一行字沒有置中且字級不該只有12，喔還有請你轉述那場他明明可以親自參加卻不參加的會議過程給他聽……你拳頭不會硬，嘴角不會抽搐，眼球不會往後翻嗎？

好，可能是我個人修為不夠好，我天生容易火大，事情沒這麼糟糕，讓我們心平氣和回頭再來想一遍。

照邏輯來推演，既然工作不分貴賤，工作中的各種行政瑣事也不該分貴賤。被主管或位階比你高的同事交付行政瑣事時，應該帶著平等心和榮譽心，以不挑食的態度一一完成。

但等等，你突然想到，這些平等的行政瑣事會出現，是因為你的頂頭主管只想做高CP值的瑣事（比如去大老闆的辦公室拿文件，這時絕對不出動助理，一定要親自出馬），因此轉嫁沒有曝光度的瑣事給你（像是鼓勵你自願當福委會主委或尾牙籌辦人），或純然出於能力不夠，無法給出具體有建設性的幫助，只好試圖透過增加繁文縟節、表格文件、追究細節，好來假裝自己的位階和存在是必要的時候……

當我再把這脈絡走一次，情緒跟飯後血糖一樣，又開始搖晃顛簸了起來。

唯一能讓自己好過的方式，就是透過比較，發現我不是唯一的苦主。

身邊有高階秘書友人。她曾經服務過某位高層，這位長官要求祕書友人出席每場重要會議，並且做「非常完整」的會議紀錄。會議記錄交出後，長官會逐字逐句檢查標點符號是否正確。一個會議記錄來回退件三、四次是常態。

另一位友人，經常收到小主管的信，信裡清楚地指示她，去詢問某某部門的某某人三個問題，接著列下完整的三個問題。友人收到信後，要負責把這封信轉給某某部門的某某人，然後收到回覆後，再回報給她的小主管。

薛西佛斯是希臘神話中被懲罰的人。
如果他活在現在，就是平庸的上班族。

人類學家大衛格雷伯（David Graber）在他的著作《狗屁工作》一書中，討論現代社畜面臨的荒唐處境。組織為了展示效能和規模，創造了管理職工作。既然是管理職，下面理當要有人來做事，來被管理，因此管理職下面多出了人手，管理職把工作轉交給下面的人。根據書中的定義，像你我這樣的下人，就是「幫閒」的角色，專門負責讓上頭的人很閒。

但上面的人不能真正的閒啊，因為一山還有一山高，主管上面還有大主管，大主管上面還有某某長。而這些人會出任務、拋想法、幫大家設ＫＰＩ，這樣一來由上到下，又可以把工作一層一層透過打分機的方式轉下來，製造一層又一層的忙碌。

忙碌是有層次的，瞎忙、裝忙和真忙。

在組織金字塔底端的人，經常是「瞎忙」。有時候，瞎忙是自己不諳時間管理。更多時候，是上面的混亂指令讓人疲於奔命。

金字塔中段的人，要開始精通「裝忙」。真正得捲起袖子處理的各種任務或瑣事，你可以丟給下面的人去忙。現在的你，要配合金字塔頂端的人忙碌，你忙著看風向，忙著按內心的計算機決定你究竟要敷衍應付還是全力以赴，畢竟你待過金字塔下端，知道無差別的努力，代表你永遠只能在金字塔底端當地墊。往上爬的路，一定要精通裝忙。

金字塔高層的人，通常真的「很忙」。忙著周轉銀兩，忙著做商務決策，扛壓力也扛風險。如果專業能力不足卻待誤闖了金字塔高層，這樣的人通常不會摸摸鼻子說，啊，真不好意思，我走錯地方了，請幫我降級，讓我回到屬於我的同溫層。不，不管是憑著誤會或靠著實力來到了金字塔高層，通常還得忙著權力鬥爭，好確保自己永遠留在上頭，永遠當人上人。

所以，如果你跟我一樣，經常覺得主管扔到你頭上的事情真的很瞎，幹嘛不自己搞定更快，你一定要用更高格局的觀點、更多的覺察，來看待你的處境。你手邊會有那麼多對提升個人靈性、對造福社會完全無幫助的屎事，只有一個原因──**「你還困在組織金字塔底層，是做工的人。」**

曾經有一位職場前輩跟我說，阿發，組織重整的時候，你要趕快表現，去當主管。我當時噗哧一笑反問前輩：「我為什麼要當主管？當主管好累，我連帶部門助理我都會火大。」

前輩給我一個「真虧你念過這麼多書、腦子卻這麼差」的白眼，語重心長地說：「當主管很好啊，當主管你才能把手邊的事情推給下面的人做，你才有機會去做其他的事。」

當時的我，不覺得前輩的話有道理，因為那時候我的直屬主管跟大老闆，都是明理有能力的人，不派狗屁倒灶的事情給我。

如今回想起來，前輩是未雨綢繆，盡責的上班族永遠都要力爭上游，**不想讓笨蛋統治你，一定要往上爬去統治別人。**

職場金字塔裡，只有做工的人和鬥爭的人。

面試靠的是看對眼，優秀不代表保證錄取

朋友C跟我說，除了剛出社會的一、兩份工作，多數時候，她的老闆都是她自己面試來的。

「妳怎麼面試老闆呢？這聽起來太酷了，快告訴我祕訣！」

C先跟我說了一個故事，她曾經去一間公司面試了兩個不同部門的職位，這兩次的面試相隔了一段時間。第一次面試，對方感覺是個保守謹慎、喜歡好寶寶模範生的主管，面試完後對方客氣地說，謝謝妳，我們保持聯絡。之後音訊全無。

隔了幾個月後，同一間公司又在找人，這次是不一樣的部門。C面試成功，進了公司後跟主管聊到這段往事，主管覺得很有趣，跑去問第一次面試C的那位主管是不是記得C這號人物，那位主管完全記不起來曾經面試過C，可見C完全不是這位主管的菜。

C進了公司，有機會觀察第一次面試她的主管，她發現這位主管抓小放大，化簡為繁，要求部屬處處展現團結精神的風格，絕對不是她的菜，還好當年沒有面試成功，否則對她或這位主管，都會是一場災難。

C告訴我，她在面試的時候選擇「做自己」，比如，不刻意過度裝扮，不過度包裝自己，會強調自己不常態性加班喔，總之就是言行一致，對於自己的優缺點明明白白不掩飾。

「如果面試後，對方還敢用我，那通常都是真愛了，這樣的老闆一起工作起來通常很契合。」

C不諱言自己有點怪，買單她這類型的老闆通常也要有點格局和膽識。

我認同C的面試心法是特技表演，並不是每個人都學得來的。特別是職場新鮮人，在摸索職涯方向，需要累積多元經驗時，為了取得進入某間企業或某個工作的入場券，適度包裝自己還是重要的。**不用害怕包裝自己，包裝自己就像化妝，差別只在於技術高下。**如果你用浮誇的話術或面談技巧包裝自己的平庸，精明的面試官會拆穿你，不精明或急著要用人的公司會接受你，無論怎樣，面試不是Science，更像是隨機中獎的樂透彩。

看到這裡，也許你會搖頭，心想阿發你這也太不正經，怎麼不告訴大家要用心認真準備履歷表，提升自己的賣相和價值，竟然講這些五四三，彷彿萬般皆是命，半點不由人。

不，我認為讓自己的實力撐得起履歷，是基本功。我不是說你要隨便看待你的履歷表和面試，相反的，你必須認真了解你自己，也準備好你的履歷，但走進面試間後，你必須相信你的錄取與否，不全然由你的那張履歷表決定。你可能很聰明積極，但正是因為你的聰明積極，主管不敢用你。

我就認識這樣的一位人資小主管。資深的她，講話含金量非常低。人際互動中她擅長講一些摸不著邊際的好聽話，恭維這也恭維那，嘻嘻哈哈的人際互動她總是信手捻來，老闆發言她永遠第一個接話。

不過當要討論到實質公事時，她就會聰明地後退一百步。她的口頭禪永遠是「啊這個啊……我不清楚耶，上次某某某跟我說這個跟那個」，「這個我有問過那個誰誰誰，他跟我說要這樣那樣的」，「這樣喔，不然我再來問清楚」。

身為資深人資面試官，她也有踩雷的時候。這位主管有次招募到一位非常認真積極的年輕同仁。年輕人像海綿，什麼都想學，做事速度快又有邏輯。交給他的任務，他往往兩三下做完，接著用炙熱的眼神看向這位人資主管，要不討事情做，要不學習力很強地發問，詢問很多專案的細節或來龍去脈。

而這些，都是這位人資主管答不上來的。因為她擅長把事情推出去，問她工作的細節和脈絡，等於要她在眾人面前卸妝。

年輕人學不到東西，很快就離開了。這位人資主管後來面試新人，碰到腦子機靈反應快的人選，就會嫌對方跳 tone、沒邏輯。溫和有禮、主管說什麼都好的綿羊新人，才是她喜歡的。一朝被蛇咬，十年怕草繩，大概就是這樣。

另一個業務主管，面試助理時問對方平常看什麼雜誌？年輕女孩沒心眼，直率說喔我都看美妝雜誌。業務主管當下草草結束面試，因為他認為這女孩兒平常沒在看現代保險雜誌，不熟金融圈，哪有辦法勝任這個神聖的助理職務。

所以，如果你／妳剛好是求職者。你認真進取，妳興趣多元，你們的履歷表跟人品都沒問題，但問題出在面試你們的主管，一個剛好有創傷症候群，不敢放太機靈的人在身邊以免暴露自己的平庸，另一個喜歡無差別的優秀，就算你只是應徵助理職，他期待你平日就是通曉產業知識的優秀人才。**你／妳沒有不好，只是面試樂透沒中獎而已**。

碰到不投緣的主管或老闆，是珍貴的學習機會

有人說，**學會適應不同類型的老闆，也是上班族練功的一部分**。我並不反對這樣的說法。甚至，我有一個比喻。年輕時換工作、換團隊、換老闆，總比

一輩子只做過一、兩份工作，永遠待在類似的環境還要好。

職場，就是情場。千萬不要白換了。我小時候常聽家中長輩閒聊，某某某啊，年輕時很花心啦，交了好幾打的女朋友，但也就是這樣結婚後不暈船啦，跟老婆感情很好。不像那個誰誰誰啦，跟初戀女友結婚十年，大家都以為他很老實啦，沒想到突然碰到跟老婆型不一樣的野花，就整個人淪陷，說甚麼可以給房子給小孩監護權，也要跟小三在一起捏（以下省略一萬字八卦內容）。

透過換人交往，或是換工作，我們終究都會愈來愈認識自己，知道自己是什麼死樣子，知道自己適合待在哪種團隊文化，跟哪些個性的人互補，又適合跟隨哪種類型的老闆。

年輕時，多踩雷，累積多元經驗，是為了增加自己打怪的能力，但是你會打怪，不代表你得死守怪獸身邊。年輕時被不對的情人或老闆折磨過，當你慢慢成為更成熟的人，你就愈有能力選擇跟自己對盤的環境或人，一起相守，一起奮鬥。**有對照組經驗，是為了讓我們知道，人是有選擇的**。

你想想看，如果你過去交往的對象都是暖男或溫柔女孩兒，當你第一次碰到渣男或綠茶婊的時候，你會晴天霹靂，你會無法相信天公伯這樣對你，你會繼續糾纏對方，試圖告訴自己愛可以征服一切，可以改變對方……**你會花很多時間做白工，最後還是會哭著分手**。

一旦你累積過ＮＧ交往經驗，下次碰到渣男或綠茶婊的時候，你就有經驗了，一回生二回熟。要不你知道自己就是愛到卡慘死，心甘情願跟對方胡亂糾纏下去，要不然你會快刀斬亂麻，因為過去經驗已經告訴你，這人不會改，就算真的改了，也不是和你。

分手跟換工作是這樣的，放手總是讓人糾結跟忐忑，擔心過了這個村，就沒了那個店。可是一旦你選擇放掉不適合的，而不是忍耐不適合的，習慣這樣做以後，**「離開」本身不再是放棄或割捨，而是重新選擇**。

記得，你是有選擇的。你也一定要努力讓自己有選擇的本錢。

上班族的選擇，就是可以選擇老闆。

不是努力，就可以成為老闆的寶貝

每個人，都可以當半個鐵口直斷的算命仙。

身為上班族的你，可以在午休結束時間，任意在走廊上攔住一位同事，笑咪咪地問對方：

「你剛剛是不是跟同事去吃飯了？」（對方驚訝點頭）

「你們吃飯的時候，是不是說了主管的壞話？」（對方驚訝點頭）

十之八九，你都會猜對。沒猜對是因為你攔到一位自己帶便當的同事。

如果你願意觀察你自己，或你周遭的同事和朋友，你大概會發現上班族最常做的一件事情，就是抱怨頂頭上司。

只出一張嘴啦。
沒有中心思想變來變去啦。
情緒管理有問題啦。
只會向上管理向下按分機。
太沒原則。
太固執。
沒肩膀沒擔當。
很愛搶功勞，根本是收割王。

主管的存在，就是讓偉大的勞工朋友可以有一個共同敵人，可以同仇敵愾。不罵老闆或主管，如何去解釋我們貧乏魯蛇般的人生？

 # 勞工抱怨資方是常態

 # 員工抱怨主管是日常

讀到這裡，你可能拍大腿說，對嘛，阿發懂我，主管就是機車，老闆就是欠罵！我想請你先冷靜一下。我想要先帶你來了解一下，一個普通平凡的上班族，究竟如何成為主管的。

升遷跟投資一樣有賺有賠

理想的假設是，進了職場，我們兢兢業業、孜孜不倦、自強不息，精進核心工作能力，打了幾場勝仗，做出了一番功績，磨練夠了，被伯樂老闆賞識提拔，晉升為主管。成功複製成功，自動成為一個優秀的領導者。

剛剛說的，是理想狀態。

現實狀態呢？

每個上班族往上爬，成為管理職的方式都不一樣。

有人靠著超高績效往上爬。有人靠著聽話照做得人疼。有人靠著很會講話很會做簡報走進老闆的心。有人靠著幫老闆擦屁股解決各種骯髒事擁有不可取代的地位。有人純粹只是因為部門流動率太高，戲棚下站久了自然升等。

儘管全世界的組織趨勢持續往扁平化發展，現在的我們不用像父母那一代需要精通階級鬥爭，但傳統組織階級分明帶來的心智綑綁，比綁著烤全雞的棉繩更緊實。成為主管，從專員變資深專員變主任變襄理變副理變協理，最後成為副總或總經理，依然是許多人的渴望。

職涯步步高升，對許多人來說是一種自我認可，也是一種價值觀的制約。一個不小心，在三十歲前，或在四十歲前，如果還沒成為ＸＸ職級的主管，對任何有企圖心的人來說，都是一種自我否定，都是命運呼在自己臉上的一記滾燙巴掌。

我感覺到你深吸了一口氣說：「阿發，就算被討厭也沒關係，職涯路上，我一定要蒐集到成為主管的這枚點數。」

我知道你做好心理準備，想努力往上爬了，但職場努力就跟基金投資一樣，總是有賺有賠。

我曾經有這樣的經驗。公司因為組織重整，部門合併，我的部門和另一個部門整併了。兩個部門的人力一樣精實，一加一後該誰來當部門主管呢？和我們整併的 team lead，職階是經理。放眼望去，其他人都是副理級（含以下），還有一位資深員工，雖然他掛著資深經理的職銜，以前也當過部門主管，但目前潛心修行，獨立扮演好 PM 角色，沒有任何想要稱王的跡象。

這位 team lead，讓我們姑且學早餐店老闆娘，稱呼她為美女，不管明示或暗示，總是積極表態，自己很願意爭取當部門主管的角色。這感覺就很像轉學生來到某個班級，第一天自我介紹就告訴大家，我叫美女，我的志願就是當你們班的班長。

美女曾私底下透露，自己過了四十歲了，身邊的同學跟前同事，很多都事業有成，年薪好幾百萬，有為者亦若是，她覺得自己應該再加油。

可惜的是，我們上頭的大老闆，欣賞我們部門裡的一位男同事（讓我們姑且稱呼他帥哥）。帥哥原本的職銜只是副理，差美女一點，經過老闆力挺，他被拔起來跟美女平起平坐，兩人現在拿出名片，上頭寫的都是經理了。

老闆安排兩人一起當科主管，負責管理各自的team。對帥哥來說，這是升格，對美女來說，不上不下。第一回合的超級名模生死鬥（註），美女輸給了帥哥。老闆顯然疼愛帥哥，美女該怎麼辦？

美女同事利用各種機會刷存在感，爭取開會、爭取專案，或是在Line群組裡面秒回老闆訊息，稱讚老闆英明，感謝老闆提拔，老闆帥，老闆棒……

所有能做的，美女都做了。她甚至加入公司的福委委員會，主動爭取要協助辦尾牙，但籌備會議上她老是忘了出席，最後被主辦方提醒，不好意思喔，你要參加這個委員會，不是掛名贊助，是要肉體出席分擔工作的。

明眼人都看得出來，帥哥更得老闆疼。帥哥不會公開刷存在感，但私底下給老闆滿滿的幫助，老闆急著要的簡報或文件，半夜兩、三點都可以生出來。帥哥做事更有條理，喜愛腦補和沙盤推演，簡報做得美，稽核法遵這種討人厭的細活也願意鉅細靡遺親手親為。

相較下，美女喜歡打包票說沒問題，但碰到關鍵核心時，只能抓著手下的人狂問，以各種名義開各種的會，揪集大夥一起動腦發想，等到在和高階主管的會議上，所有的構想就會被美女巧妙包裝成她帶領指揮極具前瞻性的計畫方案，但之後追進度時，大家就會發現美女的強項是畫大餅和衍生新問題。

名模生死鬥第二回合、第三回合到第N回合，目前美女都占下風。

我曾經跟美女說過，如果我是她，老闆明顯愛另外一個人，我就會養精蓄銳，修練不卑不亢的態度，低調做好自己的工作，但如果有哪個大專案需要用到自己 team 的核心能力，就要勇敢出手，勇於承擔。

被需要的時候，才是值得出力的時候。

在不在乎你的人面前刷存在感，註定滿心是傷。

美女聽完我的建議後點點頭，貌似理解。但接下來，美女的日子一如往常忙碌，經常追著 team member 要答案追進度，經常開很多的會，打很多的包票，刷很多的存在感，努力往上爬。

如果你是美女的處境，你會怎麼做？

這社會教我們不要輸人，可是有些事情輸了也沒關係，甚至更省力。比如當你發現老闆愛著另一個人，你就應該祝福老闆跟那個人，同時繼續低調精進自己，如果不甘願，就另謀出路。就像所有的感情一樣，面對不愛你的人，用力哭喊抱大腿都是無效之舉。讓自己成為對方某天回頭突然發現已經高攀不上的對象，才是上上策。

現在，你知道了，想往上爬成為主管跟任何投資一樣，總是有賺有賠。慎選你的抱大腿投資標的，珍惜你的努力，不要浪費精力在不愛你的老闆上，這也是一種保本策略。

在被需要的時機出場，
才是高明見效的刷存在感方式。

註：**《超級名模生死鬥》**（America's Next Top Model），美國真人實境秀，由知名模特兒泰拉班克斯 Tyra Banks 主持，參賽者透過淘汰競爭，爭取成為新一代的超級模特兒。

別讓主管成為你的人生絆腳石

我有位好友，每兩三年就換一次工作。從出版業、飯店業到金融業，朋友擅長為自己做 SWOT 優劣勢分析，每次的工作選擇，都是為了下份工作鋪路，高瞻遠矚的結果，讓她年薪在短短十年內翻了好幾倍。

在外商工作，幾百萬年薪，名片掛著協理職，不到四十歲，這成績還不錯吧？應該是中午午休小寐片刻作夢也會笑的高級成就吧？

我如果是我朋友，我會決定此時此刻就是我職涯的高峰，接下來我願意安份守己待在我的舒適高原上看風景，我不努力了！

我特別沒出息，但我朋友不一樣，特別有遠見。

眼看四十歲要來，她開始焦慮。原本我以為她擔心一腳抬起跨越四十歲那條隱形線後，不長眼的人開始叫她姊，骨質密度開始下降，保養品用得更兇……不！朋友的焦慮是，快四十歲了，雖然薪水高、職銜高，但履歷表上卻硬生生缺了一條關鍵記錄：她還沒有帶過團隊，沒當過帶人主管。

「阿發，好多獵人頭找我談工作，但我沒當過帶人主管，一直都是 individual performer，就算我有很多統籌資源、跨部門協作的經驗，但手下沒有人，很多需要帶團隊的高階職缺，就沒辦法談成。為了我的將來，我覺得我一定要想辦法去過水，去帶個團隊！」

要不要爭取當主管，就像要不要鬧出人命成為爸媽，是永恆經典的 to be or not to be 的大哉問。

沒當過主管就是能力不足嗎？沒當爸媽人生就有缺陷嗎？

我看過太多人，他們正是因為當成了爸媽或主管，造就了自己和他人的人生悲劇。既然不是每個人的心性都適合當爸媽或主管，如果用適性發展的角度來思考問題，職場中，當個稱職且負責任的 individual performer 有啥不好？為什麼不能安於做個不造孽的人呢？

成為主管的心理副作用，就是讓你誤以為成為了更好的自己

成為一個 manager，擁有團隊，職銜上步步高升，總是給人一種 Plus 的感覺。普拿疼都有加強錠了，沒道理我們不想讓名片上的職稱愈來愈厲害。職銜高低，和本身能力強弱，多數時候就像股票跟定存一樣，是負相關。但可以確定的是，職銜高能力弱，帶給一個人的心理肯定，絕對比職銜低能力強更具體、更強大。

職銜、title，就像是飯後甜點，每個人都想來一口，也永遠都對這飯後甜點有胃口。當上主管，是一種肯定。肯定我們一定是哪裡矇對了。有能力，會做人，運氣好，這三個關鍵元素，如果你只有其中一個，恐怕很難升遷。但如果任選兩個配對，升官加薪早晚有望。

當上主管不代表人生從此幸福
有時候甚至是夢魘的開始
NG 主管是個人悲劇團體悲劇社會悲劇

主管好不好、稱不稱職，其實非常主觀也沒有標準答案。產業環境或公司文化就像培養皿，什麼樣的培養皿養出什麼樣的菌種。開明的主管，換到另一個產業，可能就被嫌棄不夠果斷霸氣。凡是我說了算的傳產霸氣總裁，換到外商，可能就變成剛愎自用溝通不夠的領導。

比較有傳統階級意識的人（跟年齡無關，有些人雖然年輕，但很重視頭銜），會認為當上主管代表可以擁有更大的權力，享有更多人言語上的尊重，然後可以將手邊繁瑣的執行任務「口頭交辦」出去即可。

上班族最大的認知黑洞，就是你以為主管就是一個方方面面都比你有能耐的人。我們給了主管錯誤的期待，以為他們要像無私的爸媽般地照顧著我們。

主管必須有能力，可以手把手以身作則領導我們。

主管必須有同理心，可以理解我們的不爽跟委屈。

主管必須夠開明，尊重個體性還要懂得適才適用。

主管必須練過肩推，舞台留給部屬責任一肩扛起。

如果你有以上的幻想，請你立刻站起來去廁所潑自己冷水，賞自己巴掌，立刻醒過來！

正如同，不是所有人都適合當爸媽。有些人只是不小心鬧出人命，成為了爸媽。有些人則是機關算盡中醫看遍，四處求子才變成爸媽。

無論路徑是怎樣，有些人的人品或心理素質就是不適合當爸媽。他們並不在意能不能養出一個快樂、獨立的孩子。因為他們的目標只是想當個爸媽，或他們在艱困生活中完成養兒育女的任務，盡力了！

當爸媽超累的！

同樣的，當主管也是一樣。

並不是所有業績好、績效佳的員工，都適合當主管。但有些人就是會因緣際會，不管是基於功績好、得人疼，或勢頭剛好，就被提拔，level up 了！

我認為上班族和組織也都該進行認知重建。「主管」，字詞表面定義給人優越感，因此讓大家誤以為闖蕩職場要證明自己優秀就是「當主管」。

「主管」該被重新定義。有些主管善於統籌資源和對外談判，有些主管善於帶人帶心、讓團隊成員發揮最佳潛力，有些是開創型，有些是守成型，而更多的主管擅長向上管理、向下按分機，就是個總機。

中文的主管在英文裡可能是team lead, department head, project manager, super coordinator, chief negotiator, crying baby……或單純只是lucky you！如果我們能精通字詞轉換，就可以輕鬆穿越NG主管帶給你的折磨跟傷痛。

有一天，我們也會成為別人的路障

當上主管不全是幸福，有時候是很為難的。

朋友在電視台工作，部門裡缺了一個攝影團隊的頭，頂頭大老闆動用人脈找來一個空降主管。新主管上任不久，大家立刻發現他只是當主管當了很久，因為能力平庸被當成人球，經常在不同的部門來去，但也因為名片上的職銜沒被拔掉，因緣際會又跳到這個主管缺。屬下發現這位主管對新媒體的掌握度很低，缺乏實戰經驗，解決不了大家的問題，就開始默默地把這位主管當隱形人或是隱形路障，盡可能繞路而行。

人家說，換了屁股換了腦袋，這句話應該被當成真理。當我們不爽主管和老闆的時候，主管和老闆也正在罵我們不堪用。而主管和老闆們，也經常在罵他們的主管和老闆。有一天，當你我變成更有 power 的主管和老闆時，我們也會回過頭，罵我們的替代品。

如果你的老闆讓你心累，我推薦你加拿大學者 Laurence J. Peter 的暢銷商管書《彼得原理》。彼得教授觀察職場現象，歸納出「彼得原理」。

彼得原理的核心主張是這樣的，在組織裡，每個人都有機會升遷到一個不適任的位置，這些人卡在完全不適任的位置上，成為終極路障，讓下屬痛苦，讓組織付出昂貴代價。

Laurence Peter 是教育學博士，跟管理扯不上關係。教育哲學博士寫組織文化，而且另一個共筆作家還是舞台劇編劇，這聽起來比較像個笑話吧？沒想到這本書在一九六八年上架後，立刻成為百萬暢銷書，書中內容犀利，卻又鐵口直斷，拿書中的內容去檢測所有的組織和官僚系統，都可以看到路障主管和老闆的身影。

比較哀傷的是，超過半個世紀，彼得原理依然沒有過時，對照當今的組織文化依舊適用。二〇一八年，明尼蘇達大學、麻省理工學院和耶魯大學三位經濟學教授進行了一項聯合研究，試圖應證彼得原理的可靠性。

他們追蹤了超過兩百家的美國企業和五萬多名業務員，觀察在六年期間內，這些人的業績和職位變化。這份研究，有兩大驚悚的發現：

1. 老闆愛用「績效數字」決定升遷，因為最符合表面公平。
2. 超級業務員被升遷後，沒有例外的都成為最差勁的主管。

彼得原理不僅適用職場，也適用於官場，**有組織的地方，就有路障**。暢銷書《親愛的臥底經濟學家》作者 Tim Harford 是這樣看待不適任的人：他認為如果組織提拔了錯誤的人，就應該爽快地叫這些人滾蛋，或是乾脆把不適任的人降回原來做得好好的低階職位，另一個可行的做法就是乾脆用錢來獎勵高績效的人，以及隨機扶植任何人來當管理職。

但知道提拔了不對的人又不願意認賠殺出，是組織閉著眼常犯的錯誤。

Tim Harford的觀點聽起來很理性，但執行性很低。如果我們都可以踢走不適任的人（包括你我），或是將不適任的主管流放回原來的位置，我們就不會看到這麼多NG主管和老闆。

讀到這裡，你舉手抗議了。你說，阿發，你引經據典跟我們說瑕疵品主管老闆是常態，這一點建設性都沒有，除了忍耐，我還能做什麼？

我沒有要你忍耐。

我希望幫助你接受事實，碰到NG主管是正常的。

況且根據彼得原理，我們每個人有一天都會成為路障，sooner or later，如果你覺得你在工作上依然非常高效，充滿理想與抱負，我要恭喜你／妳，那表示你還沒有升到底，你還沒有成為永久性路障。

我建議你去閱讀彼得原理，書看完後，做個冥想，同時告訴自己，宇宙不是繞著我轉的，心平氣和地想想自己應該如何面對自己的路障老闆。以下，是我個人練習轉念的經驗分享。

我們該做的，是學會判斷路障的尺寸

如果你的直屬主管做人ＮＧ，能力也ＮＧ，那你先判斷一下，他是小路障，還是大路障？小路障通常不太願意親手做事，只會嘴巴聲控，平常的時間都拿去看大老闆臉色，說好聽話，包工程回來要你做事情。小路障對待部屬還不算太苛刻，很多時候可能也只是個腦子不清楚的好人。這時候你就心平氣和地幫他處理事情，每次小路障被問倒的時候，你都能跳出來救火，好到讓小路障去哪邊開會都得帶著你，自然會有明眼人看到你的價值。

如果小路障只是三角錐，你心平氣和地搬開就好。大路障，就是升級版的小路障，心眼更小，態度更苛刻，有功勞一定是他／她拿去刷，要擔責任的時候都推到你身上，而且喜歡阻隔你跟大老闆碰面報告的機會，喜歡參與每一場有大老闆的會議。這種路障經常會讓人血壓飆升。碰到大路障時，你一定要檢討自己過往是否人品不好，承受了現世果報，同時想清楚，在這份工作上，有沒有你想專注學習和提升的技能。

如果這份工作有你想要的，那就咬牙替自己設定目標與期限。目標是你希望學習的核心技能，每份工作你用心做。期限是你能忍耐的極限，也許是一年或兩年，在這個期限到來前，你就會升級走人。

聽起來容易，做起來會卡住，完全是我們的心在做亂。

如果你像阿發這樣，很容易被激怒，或容易受不了笨蛋和愛刷存在感的人，碰到NG主管和老闆就是你提升個人修為的時候。想爆罵主管一番前，你可以問問自己以下這四個醒腦問題：

1. 我罵這個人是我不爽，還是我想救他／她？
2. 這個人還有救嗎？
3. 我想要什麼？
4. 把時間拿來罵這個人之外，我可以找個什麼樂子來做做？

關於NG主管，阿發很慶幸曾經得到身邊好友和前輩的溫柔提點。每次當我跟好友抱怨總機主管時，朋友就會說，阿發，把罵老闆當調劑，專注在你要的目標。一位職場前輩也曾語重心長地跟我說，她發現很多人在職涯發展道路上犯下的最大錯誤，就是短視近利，盯著眼前的豬頭主管看，忘了望向更遠，去找到職涯路上的一盞明燈或典範。

「阿發，**別讓主管成為你的絆腳石，替自己找一位 role model，找一位導師吧！**」這是這位人資前輩留給我，最棒的心態提醒。

不是每個人都適合當爸媽，
也不是每個人都適合當主管。

參考文章：https://www.ft.com/content/6160d980-8a92-11e8-bf9e-8771d5404543

CHAPTER

第 二 章

會做事不如會演戲，面具就是你的超能力！

職場人際互動，先求看懂再求會處理

我喜歡透過不同的專案工作，和不同部門的人打交道。這好像是玩扭蛋機，認識形形色色的人，發現形形色色的做法。

走出同溫層，意味著有時候你會碰到驚喜，有時候會有驚嚇。偶爾認識值得學習交流的同事或前輩時，就好好觀摩人家，好好學習。更多時候，你會認識到跟你溝通模式很不一樣的人，年輕沒經驗時，遇到跟你不一樣的人，溝通使不上力時，會覺得對方是壞蛋，故意找你麻煩。

後來你會發現，不，**職場中就是有各式各樣的健達出奇蛋**。每次碰到難搞的同事，你都要帶著感恩與獵奇的心，替他們分類建檔，並且在接下來的互動中，仔細觀察這些人專業能力及溝通風格的優缺點。

這樣做的好處是，多了理解，很多時候我們就能釋懷溝通卡卡是正常的，畢竟每個人的成長背景，思考脈絡，心理關注點，都是很不一樣的。理解會需要時間，而當我們能先把對手「看懂了」，有了這層理解，在必要的時候（也就是被任務所迫），我們就可以找出「對付」彼此的有效方法。

以下是我因為跨部門工作時，交手過的幾位有趣人物。剛開始跟他們交手時，我經常眼神死。後來我切換心態，抱著用放大鏡觀察培養皿內蠕動微生物的研究精神，外加遊戲精神，開發不同滴劑來對待他們。

‧巧勁Q哥

跟Q哥交手過的人，多少吃過他的排頭，見識過他的架子。Q哥想要升官，他想當部門的領導已經很久了。他自認是個商品通，而且總能用白話、條理分明、幽默逗趣的方式，讓業務團隊輕鬆了解商品。

通路端的業務，是他取悅服務的對象，一回到總公司，內勤端的同事，是他端架子的對象。跨部門的同事要跟他討論某個活動 campaign 的發想，Q哥會跟對方說文解字，說這活動不是 campaign，只是個 event。不過你不要當真，重點不是「活動」的英文應該翻成 campaign 或 event，Q 哥的意思是，「你別小題大作了，這只是個內部例行的 event，你這個隔壁部門的不要逕自提升到 campaign 的層級來瞎攪和，增加我的工作量！」

Q 哥是個不沾鍋，如果可以，我也想要擁有他身上效果強大的不沾鍋塗料，任何事情到他身上都會自動彈開。需要捲起袖子做事情時，你不會看到他捲袖子，你會看到他手臂環抱大肚腩，不表示任何意見，嫌跟他交手麻煩的人，就會把事情撿起來做好。

不做事，那怎麼刷存在感？沒有績效問題嗎？

Q 哥非常清楚知道他的主要客戶是業務端。所以，平常的他盡可能不攬事上身，也經常以要到通路端探訪為由，一整天不見人影，或乾脆不出席總公司的例行會議。

Q 哥的強項就是他熟悉業務端的語言以及作業流程，因此在一些重要會議上，當其他內勤同事只會用專業術語報告，或因為不熟悉業務端實際作業流程而無法回答業務代表的犀利問題時，Q哥就會像超人般起身，用簡明易懂的語言幫忙解圍，業務代表聽懂了，心情好了，掌聲就來了。

內勤討厭Q哥沒關係，Q哥只要站穩他在業務同仁心中的位置就可以。

我在Q哥身上學到了「寡占」以及「使巧勁」的意義。只要你掌握關鍵關係和關鍵位置，針對關鍵係人做好「限量」和「有感」服務，職場中的團隊精神或溫良恭儉讓特質都不重要了。

有一群人討厭著你，同時有另一群人愛著你，我想Q哥應該是就職場成功人士的終極代表了。

‧老闆說了算的S姊

任何跟S姊在公務上交手過的人，談到公司這棵長青樹（長年搬不走的障礙物），總忍不住皺眉嘆氣。

S姊在公司裡負責公關溝通事務，可以說是公司形象和對外對內溝通的守門員。溝通的本質，本來就是在混亂中找彈性，但S姊是不銹鋼做的，與其說她從事企業溝通，不如說她從事風險控管，不管是來自內部或業務通路的諮詢，只要是不熟悉、可能會造成額外工作量、會帶來做錯事的風險影響她升官的，S姊都會想辦法將任務擋在門外。她最大的保護傘說法就是「根據集團法規……所以不行」。

S姊除了怕惹事，情緒控管跟邏輯也有問題。她的辦公室經常傳出她在飆罵組員的聲音。緊張焦慮時，她就罵人。沒人想當脖子掛鈴鐺的那隻老鼠，大家都知道不用勸S姊去看心理醫生或休個長假。沒有用的！最好的藥方就是讓S姊看到老闆。一看到大老闆，S姊就笑了，就慈眉善目了。

S姊歷年來風評很差，主管考核排名經常掛車尾。不過，這不影響S姊的不沾鍋行事作風。她堅持不隨便扛責任，盡量保持平庸不犯錯。S姊的策略非常高明，因為她管理一個非業務單位，非關業績產出，只要不鬧大事，就算她個人風評極差，直屬大老闆也懶得動她，反正受苦的都是下面的組員。一線員工不開心，就會申請調部門或換公司。大風吹的遊戲，讓一線員工來玩就好。

當一個部門主管，卻不想扛責任，這怎麼做到呢？很簡單，就是凡事請老闆裁決，跟著老闆的意見走，就非常妥當。我手邊曾經有一支溝通影片的產出，需要S姊的意見回覆。請求確認的信，發出了好幾天，S姊遲遲沒有回覆，卻在工作群組裡秒回老闆發出的俏皮冷笑話和心靈雞湯組圖。

好不容易等到S姊有心情回覆我，她火眼金睛指著受訪者的衣服說「這隻史努比不行！」我嚇了一跳，想說我們又不是幫潮T打廣告，受訪者穿史努比的衣服，怎麼了嗎？

S姊皺眉說，某個已經退出台灣市場的同業品牌，公仔就是史努比，受訪者身上有史努比，可能會讓人誤會，聯想到這個已經不在台灣市場的品牌啊，阿發你想辦法，把受訪者的衣服遮起來，或乾脆馬賽克處理掉。

如果我愚蠢當真照做，立刻幫畫面上的史努比打馬賽克，那我專案的進度就會鬼打牆，哪兒都前進不了，我必須想辦法闖關！

我想到S姊是個欠缺邏輯，經常昨是今非的雙標仔。要讓她正常運作的方式，就是拿一張「你老闆說這OK」的符咒，往她額頭一貼，她就會從顛三倒四的瘋癲狀態回歸正常。

於是，我決定先不管史努比了。我先把影片給大老闆，還有通路端的副總級主管看過，確認他們的想法後，再回頭跟S姊說，我同步請教了大老闆的意見，他們都沒問題，再請她看看有沒有什麼意見要補充。因為老闆說OK，加上S姊恐怕忘了幾天前她對史努比有意見，所以這天她也微笑說了OK。

在組織裡要搞定事情，了解和你交手對象的天敵，掌握上下游、食物鏈的流程，有時候會更有效率和彈性。

人際溝通，無非就是一種推和拉的藝術。推和拉之間會需要張力和平衡，這過程造就了上班族的白眼跟痛苦，特別是那些讓我們失衡抓狂，不知道該怎麼應付的人。沒經驗的時候，不知道如何拿捏力道，和不同風格的職場關係人打交道，所以容易動輒得咎，被搞到心情很不好。

這時候你有兩條路。

一條路就是做結論貼標籤，覺得職場很險惡，上班不是拿來快樂的，老闆同事合作廠商都是豬（對了，你忘了把自己放進去。豬隊友是相對論，我們每個人都是某位同事或主管心中的一頭豬。抱歉小豬豬，你們很可愛，但我不知道為什麼大家都要拿你們當形容詞）。然後，你會開始找人一起抱怨，一起墮落，一個不小心成為覺得全世界都對不起你的資深上班族。

 # 抱怨很容易
 # 但只是抱怨，就看不到其他可能性

另一條路，你可以把職場當實驗室或遊戲間。每次的交手，每回的考驗，都是一場闖關或配方研究。沒有對錯，只是抱著「遊戲」和「玩玩看」的精神，是我在自我進修時學來的。

我會有這樣的領悟，是我跟淩坤楨老師學催眠時獲得的啟發。老師在課堂上鼓勵我們，學會任何技能最好的方式，就是一開始「不求成功」，甚至要刻意累積失敗經驗。如果他是教練，他會要求學習網球的菜鳥，前面的一百顆球不能接到。如果他是業務主管，他會要求業務菜鳥們，必須練習被頭一百位客人拒絕，賣出東西就算犯規。

這樣做的好處是，少了「一定要成功、一定要有成果」的心魔，我們就會把焦點擺在收集各式各樣的真實回饋。新手球員會注意到各式各樣的球路，菜鳥銷售員會蒐集到客戶各式各樣的抗拒說法。也就是，先有失敗經驗，才能更快地通往成功。

另一位啟發我的是作家袁瓊瓊老師。袁瓊瓊本人是個好奇寶寶，長時間浸淫在命理和星座的學習。她說她寫小說時，會給筆下的人物一個出生年月日跟時辰，彷彿這個人是個活生生的角色。有了生辰八字，角色的個性跟對應的障礙，會變得非常立體，有挑戰就有戲。所以，袁瓊瓊老師開設星座班，目的不是要讓寫作班的學生變成占星達人，她只是想透過星座，帶著大家理解不同星座的人，有什麼不一樣的個性設計，而這樣的差異又如何影響人際互動。調皮的老師說，知道每個人的個性不一樣，就可以帶著一點頑皮、遊戲的精神去對付別人，也挺好玩的。

「不求成功」和「調皮一下」是個概念，但真正執行時，其實相當違反人性與慣性制約。這意味著職場中發生溝通災難時，第一時間你的杏仁核不能被綁架，一但情緒被綁架，就無法跟事件或當事人保持適當的客觀距離。想要跳脫慣性，你必須很有意識地縮短自己火大或抱怨的時間，機靈地觀察、策畫與沙盤推演，你該做些什麼事，說些甚麼話，鋪陳哪些局，才能搞定對方。

在遊戲的世界，只有玩家，沒有小人。

套句 NLP 神經語言學圈的經典名言「沒有失敗，只有回饋」。

這道理應用在職場上，就是你無須要求自己成為長袖善舞，擅長說社交廢話的得體上班族。你可以拙於言詞或擔心自己內向孤僻，但請不要放棄持續摸索出一套屬於你的職場溝通策略。**碰壁或被陰，也都是一種學習，幫助你累積有效經驗值**。

抱怨很容易，但只是抱怨，就看不到其他可能性。

惱人的同事跟惱人的親友，有什麼不一樣？

住家附近開了一間皮革清洗保養店。從騎樓望進透明落地窗，簡約俐落的陳設，洗好的皮包皮鞋整齊地放在架上等主人來拿，價目表非常透明。第一次試過後，我成了老主顧，畢竟每個人的家中，都有一些包包和鞋子，等著洗澡。

老闆是個高帥健談的年輕人，每次去店裡交貨或取貨，我都會跟老闆哈拉幾句。大概是我看起來親切無害，老闆不知不覺陷入網羅，輕易地就把他創業維艱的過往，通通告訴了我。

老闆說，以前開火鍋店，開餐廳的風險除了食物成本看老天臉色，另一個就是養到米蟲員工：「有時候看員工在那邊滑手機，都會火大，我花一小時一百多塊請他們滑手機嗎!?」

二〇二〇年新冠疫情爆發前，老闆將餐廳頂讓出去，改開了皮革清洗店。架上的包鞋從不間斷，我猜這應該是門好生意，畢竟現在沒有米蟲員工，只有老闆跟夥伴兩人殷實奮鬥。從老闆的笑容跟忙碌身影，我可以看得出來，這是門好生意。有趣的是，老闆看到我，總會提到一雙靴子。

這雙靴子，一開始是一位行動不便的客人送到店裡來清洗，老闆看對方行動不便，就說沒關係，取鞋時再付款就好。沒想到靴子洗好後，主人就失聯了。

第一次提到這個故事，老闆搖頭嘆氣，說也不知道這客人怎麼了，老聯絡不上；第二次聽到這雙靴子，老闆抱怨，每個月做帳都要不知道要拿這一千多塊的呆帳怎麼辦；第三次聽到這雙靴子，是我稱讚老闆把店內這些鞋子都洗得這麼好，老闆眉開眼笑後，突然又話鋒一轉，略略皺眉，說就是那雙鞋子，讓他現在都要求客人要先結清。不是他不願意幫客人保管鞋子，妳看看這鞋子一放就這麼久……

最近一次，我拿了拉鍊壞掉的包包，請老闆幫忙送修。不知道為什麼，我覺得店內特別清爽，好像有什麼怨念沒了，我再仔細一瞧，喔天啊，那雙靴子，不見了！「老闆，不錯喔，靴子被拿走了嗎？」我好像發現新大陸，踏出店門前忍不住問了老闆。

老闆先笑了，說對啊，總算拿走了。接著話鋒一轉，眉頭又皺了起來，老闆說，前陣子發簡訊連絡鞋主人，鞋主人竟然說自己在坐月子，真是什麼藉口都有。喔還有，就是因為這個經驗，今天又有個女客人問，可不可以下次再付錢，他只能堅決說不行……巴拉巴拉，老闆像AB循環播放，又diss了一次這雙鞋子帶給他的不便。

我微笑地站在那裡聽完，跟老闆說，對啊，客人不體貼，你辛苦了。高帥老闆給了我一個「你懂我」的表情，開心揮手跟我說再見。

我踏出店門，一直覺得耳朵很癢。那一秒瞬間，我突然領悟，靠北，我的小領導就是老闆這種人。一千件事情中，他會忽略九百九十九件好事，然後用AB循環的方式，訴說著這裡不行，那裡不順，誰的心機重，誰愛八卦，誰又亂講話……任何開心的對話，最後的轉折就是眉頭一皺，進入沒人懂我的辛苦跟委屈的播放模式。

為什麼我可以微笑聽完老闆的苦水，但對於小領導的慣性訴苦模式，經常感到不耐煩？鞋包店老闆跟小領導一樣，都是優秀的人，都是認真的人，也都喜歡反覆讓身邊的人知道他們人生有多不容易……

不只是鞋包店老闆跟部門小領導有著高度相似度。隔壁部門的同事，口才辨給，身影總是忙碌，真正要做事時，要不雙臂環抱肚腩開始說這事不歸他管，要不消失不見，除非你能找到他老闆對他施加壓力。

這些人，很討人厭，對吧？但是，你家裡總會有類似的親戚，可能是你的叔叔或伯伯，平常從國家大事到鄰里事務，都能發表高見，但家裡有事時卻完全幫不上忙，甚至會神隱到附近公園。你可能會笑看這樣的叔叔伯伯，覺得他們就是罹患典型的「中年男人只剩一張嘴」的症狀，你笑看，你同理，但你不會火大，因為真正可憐的是這些叔叔伯伯的老婆跟孩子們。

這種類比遊戲，一旦開始，就可以輕鬆延伸下去。

我認識一位名片頭銜是資深經理的部門主管，但我看她花很多時間做著郵務室工讀生的工作。不一樣的是，郵務室工讀生分類的是信件包裹，這位資深經理分類的是工作和會議。

凡是涉及需要動用腦力，或細節繁瑣的，她就會把這樣的工作，分配給部門裡頭資淺的同仁去承擔。凡是有高層在的會議，她就會排除萬難肉身出席。她不喜歡新人問她太多問題，因為這樣會被發現很多事情她其實搞不清楚。

她經手的事務經常出包，她做不來，搞不定，其他有責任感的同仁就會自動幫她的工作擦屁股。事情來的時候，她會躲在辦公桌後頭，不過，當老闆在Line群組發言，她一定帶頭回應。她是個愛吃跟懂吃的人，公司辦活動有餐點，她一定會待到最後一刻，帶著惜福的精神，將所有剩下的食物打包回家，愈貴的餐點，她愈惜福。她經手的會議，一定會動用公費訂下午茶，而且都是她喜歡吃的下午茶。

這樣的人，可能就是你我隔壁家的一位阿姨，阿姨碰到同樣的手機問題，老是重複問你。你問阿姨怎麼不做筆記呢？阿姨就說，啊我年紀大了、記性不好，你吃到我這歲數你就知道！這已經是她第**兩百遍**問你同樣的問題。可是，哪裡有免費吃的喝的玩的訊息，阿姨彷彿銀杏精華加持，腦力瞬間活化，怎麼比價，怎麼凹好康，百分百掌握度比年輕人還厲害。

你拿隔壁阿姨沒輒，看不慣她的貪小便宜，也不喜歡阿姨老拿小問題來凹你幫她解決。可是當阿姨再度上門，你還是會耐著性子跟她解釋她已經問了兩百遍的問題。因為你知道你只需要跟她相處這五分鐘，或是下次聰明一點，不看 Line 不開門就可以躲過災難。

惱人的鄰居，我們通常可以笑說，某某某個性就是這樣。但是惱人的同事，我們完全無法笑看，因為相處的時間太多，同事的無能（不管是專業或心理素質方面），帶給我們的連帶傷害，終究是在劫難逃。

離開鞋包清潔店，我一邊散步，一邊思考著大哉問。為什麼我們看待惱人的同事，不能像看待討人厭的鄰居親戚一樣，多點包容，少點究責？我明明算是個會溝通，有同理心的人，但為什麼我不能更大方地把我的溝通技巧運用在NG同事或主管身上？

我思考著大哉問，不知不覺經過了甜湯店，鹽酥雞店，麵包店，康是美，7-ELEVEN，公園繞了一圈後，順利回到住家。經過這半小時的自我對話，我告訴自己，我需要精進的不是溝通技巧，我需要加強的是自我催眠。下次惱人的同事或主管又發作的時候，我要想像，我正在跟鞋包店老闆聊天，我正在跟隔壁阿姨對話，一切都會沒事的……

跟同事互動需要的不是溝通技巧，而是自我催眠。

辦公室生存潛規則，在樂扣樂扣便當盒裡悟道

「有關係就沒關係！」這句老生常談，也是職場前輩喜歡掛在嘴邊的口頭禪，彷彿這樣說著，就可以合理化解釋自己為何平常不把心力用來做事情，而是用假笑和虛話來耕耘虛無飄渺的人際關係。

「有關係就沒關係！」，聽起來像是用血淚和吃進嘴裡的鹽巴量積累出來的人生智慧。但這句話其實沒什麼高大上的智慧，說穿了，就只是人性。我們都喜歡靠近自己喜歡的人，跟磁場類似的人在一起，比較舒服。只是職場讓我們沒得選擇，經常得跟個性大不一樣的人處在同一個空間，一起合作做事。

聽起來就很累吧？

那些努力經營人際關係的上班族們，不過就是打從心底感到疲倦的一群人。這群人更年輕、對自己還有世界依然有期待的時候，也不願輕易假笑或講虛話。是日子久了，跌倒過，被整過也被陰過，這些疲憊的大人們才恍然大悟，如果能靠著搞好人際關係，讓別人喜歡你，或至少不討厭你，工作磁場比較平和，你的職場人生才能順流、輕鬆。

我知道年輕或內向性格的你在想什麼，「阿發，我就是不想陪笑，不想講一些噁心的話，這樣我怎麼經營人際關係？」

如果擔心經營職場人際關係，就是得打斷自己的腰骨或膝蓋骨，逼自己彎腰或跪下來，我想請你不用這麼悲觀。在職場中，被人喜歡或至少不被討厭，除了賣笑跟賣弄唇舌，還有很多種方法。

同事S幾年前被診斷出亞斯伯格症，雖然那時她已經超過三十歲，在別人眼中已經當了好幾年聰明但討人厭的怪咖。但當精神科醫師告知她診斷結果時，她整個人豁然開朗，宛如眼前就是黑暗隧道的終點，希望的光灑滿她身上。

以前她常覺得別人怎麼這麼笨，簡單有邏輯的事怎麼會不懂？為什麼要把事情搞得這麼複雜？知道自己有亞斯伯格症後，S定期和精神科醫生進行社交技能大改造訓練，她終於知道，在非亞斯伯格症的世界裡，「潛規則」和「弦外之音」這兩件事，就像失敗的微整形和惱人的口臭一樣，你看得見，但不能明說。

S在外商金融圈打滾過，那裡的世界分工精細、階級分明，大螺絲釘和小螺絲釘經常性互看不順眼。潛規則和弦外之音更是密密麻麻，以隱形電網的姿態，密布每個辦公室隔間之間，一不小心，就會誤觸電網，渾身傷痛。

S還記得，她當祕書的第一天，問了隔壁同事文具放哪兒啊？穿著一身俐落套裝，看起來就是金融界菁英的老秘同事，抬起冷漠的眼皮斜睨S一眼說：「文具不歸我管。」S聳聳肩，最後靠自己找到了文具，她沒有把太多時間花在自怨自艾，感嘆人情冷暖。只是偶爾在家跟媽媽聊天時，會不經意提到這些螺絲釘同事。

S的媽媽年輕時師承傅培梅，燒了一手驚人好菜。每天S都是拎著媽媽的愛心便當上班。有天早上她上班前，媽媽將幾個大保鮮盒塞給她，裡頭有洗淨切好的黃澄澄木瓜、紅通通火龍果。媽媽跟S說，這水果是要請她同事吃的。

幹嘛請她們啊？S翻了個白眼，但媽媽的心意總不能隨便敷衍，所以她真的把那幾個保鮮盒帶到辦公室，將甜蜜蜜的水果分送給同事吃。

那是第一次的甜頭。

之後每隔一陣子，好手藝的媽媽就會三不五時張羅一些水果、好吃的菜，要S帶給同事吃。

不知不覺，那密密麻麻的隱形電網，電力變弱了。原本總是晚娘臉的老秘，開始給S好臉色看。要文具、要文件，要東要西，都要得到了。S家樓下剛好是人氣早餐店，有次她突發奇想，問大家需不需要團購早餐，她可以坐計程車幫大家帶早餐。同事嗨了，大夥興奮地研究起貴三三的菜單，隔天在一片溫馨友好的氣氛下，大夥吃完早餐，嘻嘻哈哈。

那一刻，潛規則和弦外之音的電網發出微弱的嘶嘶聲響，S在這祥和的氣氛中恍然大悟：

「原來拿人手短，吃人嘴軟是真的。」

媽媽的美食外交，目的是要幫S拆除人際地雷，讓她在辦公室可以要文具有文具，要尊嚴有尊嚴，就是不會要到白眼。辦公室生存這件事，讀不懂弦外之音的亞斯伯格症患者S，竟然是在樂扣樂扣保鮮盒裡悟道，搞定職場人際關係，不靠油嘴滑舌，靠美食也OK的。

我經常端出職場前輩討人厭的嘴臉，鼓勵身邊的年輕朋友，要多跟主管或同事在茶水間輕鬆聊聊天，或交換美食。搞職場外交，走進別人的心裡也是一門本事。「有關係就沒關係」，能領悟這個道理，等於你替自己安了一座職場光明燈。**願你前途一片光明**。

有關係就沒關係，是真的，

拿人手短吃人嘴軟，也是真的。

刷牙刷卡也別忘了刷存在感

你早上記得刷牙，進公司記得刷卡，但你有記得要三不五時刷存在感嗎？

上班族當了幾年，漸漸熟悉螺絲釘生活後，或早或晚，有天你會突然驚覺有一個關鍵技能很重要。這個技能，學校沒跟你說，新人員工訓練時人資沒提到，績效考核時老闆也沒傳授。大家都漏講了這個技能。**這個只能意會，不能言傳的終極技能就是……刷、存、在、感。**

厲害的上班族，把刷存在感這個技能練得跟刷牙或刷卡一樣嫻熟，甚至內化成膝跳反射，隨時隨地，只要有適當場合或情境，就會開始刷存在感。

你可能會問，為什麼要花時間耍心機、刷存在感呢？

很多認真做事的人，看不起只會刷存在感的人，但我認為刷存在感是一件值得你用心培養的技能。刷存在感其實就是像跳針、當機般，反覆地讓別人知道關於你的某些事情，形成某些對你的印象。

比如你覺得「我很棒」、「我很辛苦」、「我很努力」、「我超有遠見」。這樣的讚美，你不能只是當成 OS，每天洗臉時對著鏡子說給自己聽。你要說給別人聽，特別是你的老闆聽。說久了，如果老闆也信了，那你就成功了。

刷存在感的方法，分高明的，跟低階的。高明的就是你沒有自己說自己好棒棒，但每次想要解決某個問題，需要某種技能的人，大家就會自然想到你。這就是你的個人品牌。

最好的存在感，就是你在職場中，成為某個關鍵字的代名詞。

高明的存在感需要花時間用心累積。如果你還沒做出任何實質貢獻，還沒產出代表性作品或專案，平常也懶得耕耘核心技能或一些思考邏輯，那麼以下我整理一些我觀察到的另一派刷存在感的作法，供你修練參考。

刷存在感第一招：踐踏新人墊高自己

朋友剛出社會時，吃過悶虧。那一年，她進入一間顧問公司報到，公司裡一位資深前輩生孩子請育嬰假去，朋友負責接手這位前輩的工作。前輩休假前，留下了一個交接 Excel 檔，同時親切地留下了自己的手機號碼，告訴這位年輕朋友：「有問題，就打電話找我。」

前輩休假去後，問題就來了。

朋友發現，前輩把 Excel 檔的公式給刪了。朋友打電話去請教，對方川劇變臉，從親切的前輩，變成刁鑽的 bitch，電話中淡漠敷衍，把責任推給了這位剛交接，什麼都搞不清楚的朋友。

朋友跟自己的主管報告了這件事，主管因為不想節外生枝，叫她盡力想辦法解決。後來前輩回來上班了，朋友在茶水間聽到前輩跟別人抱怨著：「新來的那個妹妹能力是不是有問題啊？我都把檔案交接給她了，我放假耶，還三不五時打電話來問問題，搞什麼！」快轉頭看看你身邊有哪些菜鳥新人，或是哪些好人可以成為你的墊腳石吧。

刷存在感第二招：踐踏自己墊高老闆

我的直屬大老闆是新加坡人，空降後，為了展現他在乎每位員工，努力記得所有人中文名字的誠意，他會在大型會議中進行特技表演。

會議一開始，大老闆就會對著台下的幾十人，輪流點名，輪流背出對方的中文名字。這樣的特技表演，通常會持續個十來分鐘。點名表演結束後，輪到一級主管們上台報告。只見其中一位一級主管，帶著一張A4大抄，開始講自己的報告前，不忘先讚美老闆。

「老闆真是太厲害了，我的記憶力就沒您好，我還得帶這個小抄，以免等一下我漏講了……」

這位一級主管態度誠懇，語氣有著崇拜。我推推身邊的同事，說你學著點，讓老闆開心真的很簡單，只要常說「老闆，你怎麼做到得？好厲害，我就不行。」這樣的句型。

同事問我，那萬一老闆聽了沒有開心，反而嗆我：「這種簡單的事，你怎麼不會!?」我說這樣很好，這表示你跟這種老闆工作，老實做事，省下耍嘴皮的力氣。除非，你真的不會做事，平日只會耍嘴皮，那不管碰到什麼類型的老闆，你也只剩下耍嘴皮這招，那就硬著頭皮刷存在感吧。

刷存在感第三招：找重要的會來露臉

職場中有一票人，小時候有沒有立志做大事不知道，但進了職場裡倒是立志往上爬。想要往上爬，第一件事是要切換成社交名媛的思維，了解公司有哪些重要會議，能參加就參加，能發言就發言。

我認識這樣的一位中階主管，常常聽到她打電話，跟其他部門的眼線打聽那些她沒有受邀的會議。

會被她看上的會議，通常都是高階主管會現身的會議。重要會議就像VIP派對，能參加的人總是有限。這位科主管老是用「我想學習觀摩」的名義，希望出席這些罕見會議，爭取進入派對的邀請函。

有時候，會議多到撞期。這位科主管決定放棄哪場會議的邏輯也很明確，哪場會議有大主管在，她就會去那一場，就算真正需要她的，其實是另外一場有許多重要事項需要決議的會議。

有天，這位科主管又用了同樣的理由跟大老闆打聽，能不能讓她也去參加某某前導專案的策略會議啊？大老闆沉著地說，這場會議只開放給專案成員，

「但如果妳真的那麼希望增加曝光度，我可以推薦妳去參加其他會議。」結果，她還是沒有辦法進入那場VIP派對。

#會議的存在不是拿來解決問題

#會議的存在是拿來增加曝光度

刷存在感第四招：玩數字遊戲

沒有功勞，也有苦勞。這聽起來絕對是過時的低等勤奮美德。不過，身為專業的上班族，我總是會在一些成果報告會議中，聽到低等勤奮被當成KPI，用來刷存在感。

這個做法非常好上手。簡單說，就是將公司付你薪水做事的這件事本身，也就是你花在某項工作或專案上的時間或產出，透過數字包裝一下，你的瞎忙瞬間就會像穿上NuBra，整個看起來燦亮炫目。

比如，我曾經聽到一個PM跟大老闆說，老闆你現在看到的這個影片，我已經請廠商修改了八次，改到廠商以後可能都不想理我了呢（搭配勤奮誠懇的笑容）。這位ＰＭ是會花兩三萬塊找廠商，然後要求對方拍出 Discovery 紀錄片質感的這種人。

把廠商改到翻臉，這不是績效證明，比較像是一個ＰＭ搞不清楚自己要什麼，老是要廠商先弄個東西來，然後再金手指比劃比劃，改這改那。不過，因為大老闆不懂影片製作和溝通流程，當然就不懂他在辦公室聽到了什麼荒唐的ＫＰＩ。

另一位同事，即將在阿兜仔總經理面前報告專案進度。會議前一天，我聽到她上網找到了一些資料，如獲至寶大喊，這也太厲害了，我明天就用這個方法來講。

「報告總經理，我們核心團隊在這個專案上的前置作業總共花了兩百個小時，參與成員橫跨三個國家、十個功能部門，前期我們決定了三種情境解決方案⋯⋯」

聽到這裡，阿兜仔總經理嘴角浮起一個奇特的角度。總經理是做策略出身的，他自動忽略這些數字遊戲，開始追問專案進度的來龍去脈，中間的轉折細節，還有讓這位同事差點招架不住的ＫＰＩ轉換數字。

一旁的我，學到了寶貴的刷存在感魔法。

低階勤奮的數字遊戲，只適合拿來在不懂你的專業或不是很在乎你在做什麼的老闆前刷。但不要怕使用這些低等勤奮的話術，不要害怕玩數字遊戲。如果你的大老闆不懂你的專業，用數字證明你燒掉的青春，你流下的血汗，認真說起來還挺具體的。

刷存在感第五招：讓老闆自我感覺良好

另一種「無料」刷存在感的方法也很好用。這個方法不需要你辛苦打磨技能，不需要加班，只需要拿出好的態度進行積極傾聽。

聽什麼？

當然是老闆不管說什麼，你都溫柔傾聽，和藹回應。

這招是當年我在電視台工作時，觀察到的技能。外電新聞工作採早午晚輪班制。早班清晨五點就要假裝精神抖擻坐進辦公室開始整理半夜發生的國際新聞。時差關係，早班同仁負責的都是歐美新聞。午班同仁則是中午十二點打卡，處理的多數是與台灣時間同步的亞洲新聞。

國際中心的同事們以女性為主，男性同仁只有兩三位。部門女主管是一位心腸好但愛叨念的女士。她看報紙也能唸，監看新聞也能唸，開完編採會議回來後繼續唸，盯電視牆也唸，心情不好的時候唸起同仁的稿子更是沒完沒了。

女主管碎唸的功力，已經進化成智能模式，不管周遭什麼處境，她都能碎唸。資深同事們心情好的時候還可以堆起尷尬但不失禮貌的微笑，但忙碌時，大家只能戴上耳機，讓主管的碎唸成為背景音樂呼嘯而過。

只有一位年輕男同事不一樣。

不管女主管唸什麼，他都能興致盎然地搭上幾句話。從貓咪聊到重機，再聊到頭版八卦，再聊到晚餐，總之其他人沒耐心聽的，這位男同事都能溫柔傾聽，搭上話，彷彿這位女主管談的任何事都很有趣。

男同事除了擅長溫柔傾聽，也擅長遲到。

午班十二點報到，一開始他會晚二十分鐘打卡，因為主管不會怎樣，慢慢地，他開始晚三十分鐘上班，習慣了後，又慢慢地加碼，有時候，他會下午一點才戴著安全帽和一臉愛睏樣走進辦公室。

男同事長期遲到且不以為意的行為，終於惹火了同事們。同事和主管反應，主管聳肩不以為意，最後為了平息眾怒，女主管想出了一套「公平」處理同仁遲到的處罰方法——日後只要有人遲到超過二十分鐘，就要捐款一百元當公基金。

這個處罰適用所有人，包括九十九%非慣性遲到的同事們。至於事主，也就是善於溫柔傾聽的男同事，絲毫不受輿論以及這個公平性懲罰條款影響，每天仍帶著一臉睏樣來上班，並且繼續和主管聊天，彷彿主管真的很有趣。

以上五招無腦刷存在感的方式，推薦給需要存在感的你。

只要你不覺得尷尬，尷尬的就會是別人。

那些你想退卻不能退的工作群組

最近組織異動，大老闆榮升後，我最期待的是老闆可以瀟灑揮手說 bye-bye，解散他一手創建的工作 Line 群組。

老闆很重視這個群組，這是他在台灣的心靈家園，是他的表演舞台。幾年前他空降後的第一週，就把他手下六十幾頭綿羊通通趕進了這個牢籠裡。

他會在裡頭分享數學題目，要大家解題，因為數學是宇宙的定律。他會在裡頭每天分享心靈雞湯語錄，要大家自強不息，花若盛開蝴蝶自來。他會在群組裡鞭策大家參與公司的步數競賽活動，老闆年輕時是特種部隊兵，他堅信走路靠的不是腿力，是意志力。他甚至願意大清早四、五點起床，只為了衝刺步數，每日三、四萬步的走，只為了維持自己第一名的寶座。

Line 群組，就是大老闆的莒光園地。他的口號，就是所有人的精神指引。他的笑話，永遠有人跳出來說好笑。他的激勵，總會獲得同仁暖心回應。

大老闆還會指派一級主管當值日生，輪流在群組發自己撰寫的心靈雞湯。當你看見那些平常愛玩辦公室政治，愛推事攬功，愛當下屬絆腳石的主管們，搖身一變成為慈眉善目，正能量爆表的啦啦隊時，你真的會跟我一樣打冷顫，彷佛正在觀賞惡靈恐怖片。

比較積（奴）極（性）的主管，還會叮嚀部屬，要經常在 Line 群組發言，送貼圖，別讓老闆感覺空虛寂寞且高處不勝寒。群組裡的互動表現，也算在年底績效考核，維護團隊雙贏的美好氣氛，你我有責。你不一定要當個對組織真正有貢獻的人，在這個莒光園地，stickers speak louder than actions，會貼圖比會做事更超值。

對自己正能量喊話很好

對一群人正能量喊話是演戲

就是這樣的一個工作群組，早上六、七點就有貼文通知，深夜十一、十二點，老闆繼續跟一些同仁進行 buddy buddy 對話，更別提白天會有許多人在這個群組裡刷存在感。

刷存在感的方式很簡單，比如合成老闆年輕時的照片，照片押上激勵話語，變成梗圖。這樣的一張圖，會立刻引起熱烈的討論。也有人在群組裡用高中女生般的雀躍口氣，炫耀自己剛剛發出的新聞稿，彷彿她忘了，這就是公司付薪水要她做的例行事務。

如果你正在處理公事，正在追趕死線，正在等同事提供資訊或回覆 email，卻怎麼樣都苦等不到，檢查一下群組吧，同事可能正忙著打造歡熱的團隊氛圍，累積年終績效點數，暫時沒空理你。

身邊每個離職的同事，準備交接清單時，都會迫不及待地說，「天啊，我終於可以退出群組了！」

Wait! 退出群組，還有專屬儀式。首先，平常懶得說你好話的直屬主管，會在群組裡，用萬般不捨且惜才的態度進行追思，感念你這幾年來的付出與努力，並且珍重再見。

主管演完，才輪到你登場。

你不能趁半夜躡手躡腳退群，你一定要光天化日下（早上九點到傍晚六點這段期間）誦唸感恩迴向文。你必須感謝眾生，謝謝老闆照顧，謝謝主管幫忙，謝謝同事支持，地球是圓的，祝福大家業績暢旺如腸旺，最後送上一個俏皮貼圖。演完，你才可以退群。

 # 如果不要有這個群組來擾民

 # 大家做事可能會更有效率

權力是春藥。如果我今天也是大老闆，我有權力要求下屬配合我，為了展現我的power，我大概會在我的辦公室放置電椅，只要有人試圖用蠢話唬弄我，我就按下電擊鈕，等待著空氣中散發出迷人的蛋白質燒焦氣味（用電蚊拍殺蚊子時會聞到的味道）。

這樣聽起來有點殘暴？好，我們來改一個。

如果我是大老闆，開一個群組，我每天會輪流秀出我的泰迪熊寶貝們的照片，我會要求我的一級主管帶頭，稱讚我的熊寶貝有多可愛又多有靈性。我喜歡有一群人，為了我積極正面，為了我發揮創意，只為了讓身為老闆的我，自我感覺非常好。原來當老闆這麼爽！

老闆喜歡 we're family 的感覺，但負責做事的一線同仁只相信 show me the money。

工作群組裡的歡樂對話，說穿了，就是茶室或酒店裡拿錢辦事的演出。有同事選擇不看群組訊息，說這樣就能維持心靈平和。「阿發你是白癡嗎，你又要看，又要覺得這群人很蠢，你才蠢。」同事罵我。我知道我這樣不對。我討厭酒店文化，就閉眼遠離就好，為什麼還偏偏要一直對著包廂指指點點，嫌酒水不好，嫌脂粉庸俗，嫌東嫌西。

我也不是沒想過，乾脆將自己的ＩＤ改成「車貸萬小姐」，利用半夜時間退出群組。但我知道老闆的個性，特種兵出身的他，不能容忍有人沒有跟上，一旦他發現群組少了人，立刻會請一級主管肉搜、點名。重返群組時，我不能跟大家說我越獄失敗，因為沒有人會想逃離這種歡樂的大家庭，這樣不給老闆面子不行。我必須裝不好意思，彎腰欠身跟大家說，歹勢，歹勢，我帳號被盜，都是車貸萬小姐害的啦。

我想過一千萬次，我要退出這個群組，但每當我把後果沙盤推演一番，想到越獄的下場，我的理智就回來了。我告訴自己，留下來吧，這些低級娛樂，都是我的寫作素材，我是為藝術犧牲自己的心靈平和。

終於等到這天，不是我走，是老闆要榮升了。我滿心期待，老闆會依循退群SOP，誦念感恩迴向文，在眾人珍重不捨與目送中，光榮閃退群組。

但，我果然太天真，低估了老闆的能耐。

老闆把這個工作群組改名為「校友會」。接著，老闆一一把離職的同事們，邀請回這個群組，並且熱情招呼大家，去記事本看過去的心靈雞湯紀錄，都免費的喔，隨便看，隨便看（海派熱情貌），識相的同事們也立刻拍手熱烈歡迎，歡迎這些倒楣鬼回來。

很多同事都回來了。包括不久前跳槽，聽說新工作很操，很想回到這個莒光園地的前同事。包括已經有好歸宿的前同事。包括收到邀請時傻眼不想加入，轉念一想這圈子這麼小，算了算了還是回來好了，EQ很好的前同事。

工作群組，變成了校友會。我隔空想像，這群回歸群組的前同事們、前任EX們，臉上是否都帶著尷尬但不失禮貌的笑容？

如果我們都把前任們跟現任，放在同一個Line群組裡，一起聊嘛，大家都曾有過關係、都是一家人，這會是多麼有滋有味的時刻？那畫面太魔幻我不敢看，我甩甩頭，立刻關掉這個幻想。

總之，為了不自找麻煩，我想我暫時不會想方設法退群了。不管是在職內被肉搜抓回來，或是離職後以校友身分被邀請回來，這是一個難纏的網羅。在我找到新出路前，我必須堅強地待在這個群組裡，冷眼欣賞酒店茶室裡的歡鬧，這大概就是為新台幣下跪的感覺。

專業上班族的薪水包含通告費，演一場戲，換一頓溫飽。

好啦，大家都知道你是科長

「我偷偷教你，你只要跟對方說你是ＸＸＸ部門的科長，對方的手腳就會變得很快，東西給得很快，很幫忙……我真的不是想拿科長的頭銜壓對方，但只要這樣講，真的很有效……」

同事又在進行人際溝通教學了。

雖然是悄悄話教學，但因為對方的氣音壓得不夠輕巧、不夠低，那種氛圍就像有人故意「大聲講悄悄話」給所有人聽一樣，只要剛好在現場，有長耳朵的人，都聽到了。這就像ＦＢ推播廣告給你一樣，因為你的受眾條件都符合，所以，你得看廣告。

總之，這廣告來得突然，完全勾起了我的好奇心，我若無其事繼續手邊的工作，同時豎起耳朵聽同事無碼高清版的悄悄話教學。

簡單來說，因為公司被某個集團買下，我們的業務需要跟集團總公司的諸多相關部門對接，雖然說都是集團底下的奴才，但畢竟不在同一棟大樓裡，許多業務溝通就是靠電子郵件或電話往來。

我跟素未謀面的集團同事有過幾次業務往來，對方窗口非常客氣，只要文件都備齊了，經常是當日或隔日就可以得到回覆，跟股票當沖或隔日沖一樣速效。沒想到同事竟然說，把自己名片上的頭銜朗誦給對方聽，就能獲得VIP等級的服務，這中間一定有什麼我不知道的內情，我一定是錯過了什麼！

我立刻點開信件備份夾，仔細讀一遍我跟集團同事的業務往來信件。信件的開頭通常是這樣的：

「Hi 某某某您好，我是XX公司行銷部的阿發。我手邊有一項某某某業務內容，需要跟您提出審核申請，附件是依照規定需要檢附的文件，如果有任何資訊遺漏，也請隨時讓我知道，感謝您的幫忙。」

我反覆、再三地看過我的信件內容，裡頭完全沒有提到我的職銜，或我的年終考績，我拿過的榮耀，我在這間公司認識的那些副總們的名字，但對方依然以當沖或隔日沖的速度給了我回覆。

所以，在我同事的平行時空裡，到底發生了什麼事？

我自認學習力強又機靈，但此時此刻，聽著同事的現場教學，我瞬間感到慚愧與不足，這世界上竟然有我無法參透的職場高效工作術祕訣，方法聽起來簡單粗暴，我竟然從來沒試過這種好方法?!

沒錯沒錯，我太駑鈍了。事情早有跡象。這陣子，我經常聽到這位同事坐在位置上，電話一通又一通，就像美酒一杯又一杯，不停地講電話，交代自己是某某部門，某某科長的身分。「經理您知道的」、「經理我跟您報告」，如果調閱同事的通話紀錄，打成逐字稿，那就是滿滿的高效工作術關鍵字……

……科長……經理……您……總經理……處長……您……是的……這業務有一點小錯誤……但那是我手下的人負責的……是經理……我再問清楚了……麻煩您……謝謝……

原來如此。我像是發現了地下明牌，壓抑著內心的波濤洶湧，試著不讓任何人發現我的發現：原來，報上職銜就有用。

但等等，傷腦筋。我突然想起來，我不是科長。到處去跟人家說我是科長，看起來此路是不通了。我拉開我的抽屜四處翻找，看有沒有什麼法寶可以拿出來嚇嚇別人，從此集團下所有子公司的人，聽到阿發的名號，就會嚇死，立刻給我快速通關的服務。

我抽屜翻了又翻。有維他命B群，人工淚液，一盒很少發出去的名片，小鏡子，科學麵……都是無用的東西！啊，有了有了，我有某一年的最佳員工獎狀跟重得可以拿來當凶器砸死人的獎盃，還是產業公會發的喔，官方認證過的。最佳內勤員工，不就是最專業社畜的意思？夠威吧！喔，我還有某官方組織發給我的顧問聘書，這應該也可以吧？

我想到接下來我的業務往來E-Mail，開場可以改成這樣：

「Hi，XXX您好，我是XX公司行銷部的阿發，我曾經在XXXX年拿到最佳員工獎項，也是XX官方機構聘用的內容行銷顧問（請見附件我的聘書ＰＤＦ檔）。我知道這跟你無關，但其實我只是想順便騙騙你，讓你以為我是個咖，看能不能快一點拿到我要的東西……」

大安區陳先生，我看到你舉手發問了。你說阿發你拿最佳員工獎有什麼了不起？還不是只是因為運氣好！你那些東西換得到錢嗎？還不如務實地替自己拿個科長、經理、協理、副總這些職銜，還比較好用！

陳先生，你的觀點很好。

走闖職場多年後，我才意識到我浪費了我的大半青春，我把力氣拿來好好做人，當個有實際產值的人，但我卻沒有花力氣好好耕耘自己，為自己累積可以拿來說嘴換取快速通關的頭銜。

這樣的我竟然可以不用賣弄低階頭銜，就可以得到快速順暢的業務合作，我之所以那麼好運，一定是天公伯疼憨人。

頭銜比能力重要，頭銜可以換來尊重。同事嘩啦嘩啦地私密教學，我一字一句都聽清楚了。

好啦，大家都知道你是科長，但我的疑問是，科長有很大嗎？

看到同事沉浸在她的粉紅色頭銜泡泡裡，我不忍心舉手發問，讓自己像個白目鬼打斷她的教學時間。也好，每個人都有自己定義的幸福，**辦公室裡的認知落差，很多時候就是走過路過不要錯過的輕鬧劇，幫助你增添工作時的滋味**，不當真就沒事。

頭銜跟能力，
哪個能夠換來更多尊重？

老闆生日快樂之雞蛋糕啟示

我認為生日是極為私密的事。願意為了我的出生而開心的人，除了把我生下來、一翻兩瞪眼沒有選擇的爸媽，以及我的手足，親近的親戚，或極少數的好友圈之外，我想不出這世界上會有任何一個「外人」，願意在我生日這天自找麻煩地張羅蛋糕和神祕禮物，為我唱生日快樂歌，還貼心逼我許三個願望。

如果真有「外人」自動自發幫我慶生，我打賭這些人一定是某個程度得看我臉色吃飯的人，比如，部屬或廠商。

說來也奇怪，我觀察到許多有企圖心的上班族，他們的手邊都有一本職場專屬農民曆，老闆的生日，老闆的老婆的生日，老闆的小孩的生日，老闆的媽媽的生日，老闆的小三（?!）的生日……總之，只要是老闆身邊關鍵人士的生辰，都會被牢記在這本農民曆上。

老闆生日到了，自己偷偷準備蛋糕，被同事發現一定會被說成是狗腿。要淡化自身狗腿的嫌疑，洗白的方式就是揪眾，找大家一起來幫老闆慶生。老闆誕辰日，重要程度等同天公生或媽祖生，是職場習俗必拜節日，必須虔誠以對，前途才會對。

發起慶生的，通常是部門主管。我以前在電視台上班時，每逢新聞部總經理誕辰這天，全公司上下一定都吃得到老字號紅葉蛋糕。能進入慶生現場的，通常是編採一級主管，跟老闆開會時，突然推出大蛋糕，surprise! 每個人的臉上，掛著 we're family 的溫暖笑容，大家拍手唱歌，看著老闆吹熄蠟燭，祝老闆青春永駐事業暢旺。

經過團隊氛圍薰陶過的蛋糕，最後會分給所有一線同仁享用。大夥吃在嘴裡的黑森林蛋糕，等同過廟裡香火爐的平安符，老闆生日，一起吃蛋糕，祈求風調雨順，老闆不歇斯底里，員工永保心靈平和。

專業上班族都在默默鍛鍊的超能力

幫老闆慶生，是職場農民曆上的重要慶典，各路派系人馬也會在這天暗自角力。一位前輩告訴我，年輕時她被提拔為科主管後，開始感受到日日是中元節，身邊到處都是處心積慮踩著你往上爬的惡鬼同儕。

她還記得N年前的那天（背景轉復古黃燈，悲催演歌下）……

那天早上約莫九點五十八分的時候，前輩手下一位組員急忙忙跑來跟她咬耳朵，說糟糕了糟糕了，今天是大老闆生日，我聽說隔壁科的惡鬼科主管偷偷準備了生日蛋糕，等一下十點整要幫老闆慶生，給老闆surprise，我們這科該怎麼辦？要不要現在去買蛋糕？

九點五十八分知道這個噩耗，距離十點只剩下兩分鐘，這時候能生出豪華蛋糕的，恐怕只有哆啦A夢。

「阿發，妳知道我做了什麼事嗎？我立刻跑去找那位科主管，笑著跟她說，唉呀聽說今天是大老闆生日，妳比較細心，聽說妳有準備蛋糕，我們可以沾光，搭妳的便車，等一下一起幫老闆慶生嗎？」

前輩明白，自己的行為白目惹人厭，但為了化解老闆慶生趴整組漏勾的職涯危機，她咬牙也得忍下去，the show must go on! 前輩說她現在還是忘不了隔壁科主管的臉色，很複雜，很難看。要壓抑怒氣，又要裝大方，心頭不是滋味，嘴巴卻只能說好啊等一下一起。

we're family 這齣戲碼，任誰來演都相當考驗演技。

不管怎樣，前輩靠著強勁心理素質，厚臉皮蹭流量搭便車，順利擠進大老闆的慶生趴，和隔壁科一起唱了生日快樂歌。從此她相信，職場惡鬼多是常態，**跟惡鬼打交道的方式就是勇敢拋掉儒家思想，去它的溫良恭儉讓，去它的禮義廉恥**。

「阿發，妳要多笑，人家說伸手不打笑臉人，會笑得人疼，會笑還可以賴皮，多好！」

前輩看我經常面無表情，提醒我外面沒在教但專業上班族都在默默鍛鍊的三項超能力：**練習笑，練習厚臉皮，練習靈肉分離**。

有了這三個能力，職場就算日日中元節，也能日日是好日。

老闆誕辰不能忘，甜言蜜語，載歌載舞，哪裡有雞蛋糕就往哪裡靠，這是專業上班族的基本功。

善用團體照放大個人曝光度

接下來我要跟大家分享搭雞蛋糕便車、蹭免費流量的進階技巧。

在一次的業績慶功宴上，業務大老闆大手筆請團隊成員吃雞蛋糕。天底下畢竟沒有白吃的蛋糕，切蛋糕前，第一線的業務同仁跟後勤支援單位的夥伴，大家排排站，帶著陽光正面積極向上的笑容，聽業務大老闆的勉勵訓話。大老闆帶頭切蛋糕後，邀請團隊所有人一起拍團體照。

阿發照例躲在一群人的最後面，利用同事的身高巧妙幫自己人工修圖，在人群中完美隱形。拍完和樂融融團體照，領了屬於我的那份平安蛋糕，再度秉持儒家低調謙遜的精神，回到自己的座位繼續完成日常事務。

稍晚，我在臉書上，看到一位同事將慶功團體照上傳在自己的臉書，搭配短短一句「慶祝業績連兩月破十億」。

下方留言區精彩了，有人說業績爆炸肯定是這位同事帶團隊有方，具人氣又招財。PO文同事立刻謙虛回覆，不不不，這是新來的業務大老闆領導有方。我彷彿看到一條隱形的喜氣紅布條在網路社群空間飄來竄去，吸引了目光，招來了討論度，刷新了存在感。高人！

專業的上班族，都知道「沾上邊」這門絕活。你不一定要動真情，也不一定要有真業績，只要你願意曝光，願意一家親，願意一起眉開眼笑陪老闆吃生日蛋糕，或在社群上高調分享慶功蛋糕的照片，只要你願意，眼前就是點滿光明燈的職涯康莊大道。祝你步步高升。

專業上班族的三項超能力：笑，厚臉皮，靈肉分離。

保守你的氣場，慎選你所處的磁場

人生中第一次清楚體會到「磁場」這件事，並不是在信義區墓仔埔，而是在一個實體課程現場。

那時候我是工作人員，當天活動的主角是一位心理學領域的老師。老師學識涵養豐厚，聲音有磁性，擅長說故事，而且自戀。這位老師有很多鐵粉，因為他說話具有強烈的療癒感，很多女學員不惜從中部追到北部來聽他上課，會貼心幫老師準備他愛喝的飲料，也會在中場休息時間自願幫老師按摩鬆一下。老師就像耀眼的星，女學員就是追星一族。

先撇開自戀這件事，這位老師很會掌握人心，很知道脆弱的人需要什麼。他說的故事，充滿隱喻，具有催眠魔力。坐在教室裡的學員，多數是生命裡頭有挫折。感情關係的挫折、原生家庭的挫折、人際關係的挫折，各式各樣的糾結盤根錯節，讓生命施展不開，因緣際會，這些人來到了這位老師的眼前，期待救贖，仰望著這位老師。

學員們分享起自己的故事，總是傷痕累累，言談間難免會滲出濃烈的「無力感」，就像重度壁癌牆面的水痕，再怎麼粉刷，再怎麼遮掩，都難以掩飾生命中的斑駁剝落。

這些脆弱的人，坐在那裡，聽著迷人老師說著一個又一個的故事，編織著一個又一個的隱喻，解著一個又一個的困惑夢境。聽著聽著，不小心就腿軟，滑進了認知洞穴。在那個洞穴裡，學員們彷彿身上被蓋上一條舒服的絨毛毯，感覺溫暖，被深度理解和包容。教室裡，陸續是一張又一張，滿滿淚痕的臉龐，夾雜著低聲啜泣。

我是工作人員。因為這是老闆請來的客座老師，我不能翻白眼，只能保持莊嚴肅穆的神態，冷眼旁觀人世間的脆弱，並且不時捏捏自己的大腿，確定我不是在平行時空，誤闖了某個宗教團體的集會。我讚嘆著，這位老師如果從政，或是改當上人，信徒絕對會滿溢，滿溢成為金山，成為寶塔。

但這不是重點，我要說的是那天回家後發生的事情。

那天下班後，回到家我覺得好累好累，彷彿我剛去爬了百岳，又泳渡了日月潭後才回到家。我爬上床，立刻昏過去，醒來時，覺得身體好像陷在床裡頭，被吸入黑洞裡頭，爬不出來。

我以為這是單一事件，後來又陸續跟了這位老師的幾堂課，每次跟完課，我的身體就會自動當機，陷入好深好深的疲倦。但我很肯定我沒有做什麼消耗體能的事。我只是坐在教室後頭，翻隱形白眼，不讓臉部肌肉抽搐，照理不應該如此耗能。

後來跟好友聊到這件事。朋友說，阿發，那不是你身體的疲倦，是那個空間，那個課程，那裡的學員，大家湊在一起加總起來的能量波動，你的身體被沾染到了某種磁場，你只是感受到大家的疲倦而已。

我知道我的朋友並沒有怪力亂神，因為當我跟隨其他客座的老師的課，從來不會帶給我這樣的混亂跟疲憊。但只要是這位老師的課，通常會聚集一群脆弱無助到彷彿沒有骨頭、站不起來的人，我就會特別累。

人有氣場，環境有磁場。
集體，就是能量的加乘。

不管是演唱會、競選造勢活動、國內外心靈成長大會、宗教集會、業務表揚或任何形式的聚眾，在群體的加持和擾動下，嗨會更嗨，感動會更感動，悲傷會更極致，不爽也會發爐。在集體的場合裡，我們被某種能量場吸納，從眾心理使然，讓我們不知不覺自動進行調矯，試圖溶入群體的某種「默認」（Default）氛圍。

我說的群聚，當然包括職場中你選擇密集相處和互動的小圈圈。

在電視新聞台工作的那幾年，我和幾位好同事有一個Line聊天群組，大家經常在群組裡嘰嘰喳喳，聊天內容扣除掉美食飯局邀約，九十五%的內容不脫離「罵人」。像是抱怨主管不管重要大事只愛挑瑣事來碎念，抱怨不對頻的同事老是大聲聊媽媽經、草率寫新聞，抱怨某某召集人每次都亂分派任務，抱怨新人的稿子寫得很差而且沒有病識感，被釘了幾百次依然黑白寫……

這群組裡的同事們，都是優質的人。他們專業能力強、個性鮮明、善良有義氣，工作之餘也都是有趣的人，有人很懂美食，有人學韓文，有人玩樂團，有人愛理財……大家都是精采有趣的人，但當被兜在一個工作群組裡，不知道是否人性使然，抱怨主管或爛同事成為日常的起手式。A可能隨口提了豬頭主管或豬隊友同事今天又幹了啥荒唐事，說了啥神經話，群組裡的其他人就會你一言我一語地聊開來。如果說豬頭主管或豬頭同事的討厭程度，原本就事論事只有五十％，經過了群組裡好同事們的集體憤慨和你一言我一語的精神圍毆後，討厭程度激升到了一百二十％。

共同的敵人，往往能聚攏一個團體的向心力。

我也是跟著大家一起進行精神圍毆動作的一員。好同事嘛，姊妹淘嘛，工作日常，聊聊有什麼關係？但某一天，群組裡有幾位好同事因為看不慣某位討人厭同事的作為，又開聊了起來。

這群同事們都是嘴巴犀利、聰明有定見的人，大家你一言我一語的過程，愈聊愈毒舌，對那位NG同事的撻伐力道也愈來愈強大。我雖然插不上話，但就在那一刻，我突然感覺有個第三人正在對我的腦子進行客觀的X光掃描。

我看見另一個自己在發抖、擔心著。萬一這些好同事們，發現阿發也跟他們討厭的那位NG同事一樣，有不機靈且近乎蠢的時候，對抽象費解的藝文話題或必須選邊站的社會議題並不在乎，對於自己不擅長的任務也經常下意識地逃避或敷衍帶過，像我這樣樸素到近乎廢的存在，好同事們會不會覺得我很蠢，也很普通？

喔對了，我還聽見另一個自己懦弱地在替那位被精神圍毆的NG同事說話：欸欸，沒關係啦，好了好了，都是人嘛，對啦，大家都有幹蠢事的時候……對啦，她這種行為真的討人厭，但不要理她就好了。快去喝咖啡，想想午餐要吃什麼，大家冷靜！

就在那一刻，我發現「團體」的缺點了。

我們被放入一個又一個的群組，不管是自願加入的小團體，或是不甘不願必須加入的大團體，群組帶來了歸屬感，也意味著我們得融入這些群組代表的某種群體性格，配合群組的集體意志和潛規則行事發言。

不遵循潛規則或是主動打破潛規則，很容易被貼上「不合群」或「白目」標籤。我怕破壞氣氛，怕被貼上「假正義」的標籤，乾脆選擇閉嘴不發言。畢竟，我太習慣應和，經常把「＋1」、「我也是」、「對啊」掛嘴邊，有天突然跳出來持相反意見潑大家冷水，雖然同事們也許不會真的介意大家聊很嗨時，突然有個解嗨的觀點，但我自己很難跨過那道情感制約線。

所謂的同溫層，是一種「類疊」的概念。不管是意識形態、生活風格，或興趣喜好，我們傾向和類似的人聚在一起。類似的人碰撞在一起，相似的部分層層相疊，堆積出厚度與慣性。活在這樣的圈子裡，日子久了，我們因此以為我們知道的，我們感覺的，我們理所當然的，都是真實且不容質疑的。

群體裡，同聲一氣的好處是我們會感覺是「一夥的」，換成社群的語言就是我們很容易被按讚，很容易得到認同。壞處是，有一天，當你開始有不一樣的想法或觀點時，除非你處的那個群體，是開放且歡迎多元觀點的，要不然，你很容易會被貼上「不合群」，not a team player 的標籤。

群體，就是物以類聚。愛八卦的人，絕對不找不八卦的人聊天。認命做事的人，搞不懂那些愛推工作的人為什麼不把解釋自己無能的時間拿來搞定事情。聰明俐落的人，可能沒心神了解拖延重症患者心頭的糾結。喜歡你像個機器人聽話照做的老闆，自然也不會花時間鼓勵你冒險接受新挑戰。有了這樣的頓悟後，我開始把人的氣場，還有群體的磁場，當成人生的青紅燈。

選擇好氣場，同時調整自己的磁場

「氣場」、「磁場」雙重指標，幫助我用來反省自己，同時了解別人。比如，我會刻意觀察自己，跟哪些人相處的時候，我會不由自主地嚼人舌根，而且嚼得很開心。跟哪些人相處時，我會從他們給我的提問或反饋，得到「啊，原來如此」，一針見血且突破盲點的啟發。

有些同事看起來熱情友善，但透過幾次聚餐就會發現，對方的話題老是繞著著別人的八卦，不談興趣嗜好或個人的觀點想法，這樣的飯局結束後我通常覺得很累，對我來說，這表示我不喜歡跟這個人互動的氣場，所以我就不會把寶貴的時間或精氣神留給對方。

有些同事不走熱情友善掛，但偶爾交流閒聊時，意外發現對方熱愛大自然，對園藝登山都有涉獵，是個重視生活平衡的人。有些同事，你看他在工作崗位上相當低調，不是到處刷存在感那一型，但私底下玩木工、讀哲學，看事情總是有獨特的觀點。跟這些人互動，總是會覺得有趣、被滋養，我自然就願意多花一點時間，接觸這樣的好氣場。

一位年輕朋友跟我說，她的夢想就是出國工作。為了這個夢想，她工作之餘努力學英文。不過，隨著工作經驗累積，夢想開始茁壯，每次跟學生打工時代的姊妹淘聚會，壓力就特別大。

好姊妹們會調侃她，為什麼不認份工作、存錢，跟大家一樣找個好老公嫁了就好。努力工作還學英文，把自己操得這麼累，怪不得氣色不好……

一開始，年輕朋友覺得這些往日好姊妹們因為已經結婚了，生活幸福簡單，所以是為她好，希望她原地認命，過著大家的樣板生活，少累一些。但類似的調侃多了，參加姊妹淘的聚會變成一種壓力，最後，她疏遠了這些朋友，跑去學習型社團認識新朋友，替自己換了社交磁場後，她感覺自己的上進不再是一種病，感覺輕鬆舒服多了。

職場跟個人社交圈都是這樣的，如果來往的人，容易讓你覺得糟糕無力，為了照顧自己的氣場，你應該減少跟這種人互動。

當然，也有很大的機會，是因為你個人氣場糟糕又負面，別人不喜歡跟你在一起，反過來讓你覺得這世界老是忤逆你，或你總覺得自己過得很辛苦、很委屈。

如果你有一點病識感，試著去請教你周遭密切跟你相處的人，不管是家人或同事，誠心誠意請他們告訴你跟你相處時的感覺。記得聽的時候要掐住自己的大腿，不讓自己中間插嘴反駁。

如果你能誠實接收別人對你的回饋，你總是會找到一些問題核心。如果你經常覺得工作不順或運勢卡到陰，持續調整自己的狀態，同時有意識地選擇你的來往圈，這比請命理師幫你改名，或是辦公桌上擺水晶或驅魔小物，更能有效創造好風水。

群組帶來歸屬感，也意味我們得融入群組的集體意志和潛規則。

說好聽話你會得人疼，說真話你會得自由

在職場，多數人以為能幫助自己吃得開和心想事成的關鍵溝通策略，就是盡可能對主管或老闆說好聽話，成為徹頭徹尾的順民。

但你不知道的是，**好聽話可以粗分為兩種，含金量高和含金量低**。

把想法，觀點或建議，經過脈絡和巧思鋪陳，讓對方願意理解，甚至開始動搖既定成見、考慮你的建議，這樣的好聽話，含金量很高。

另一種含金量高的好聽話，來自深層的體恤，對人性的洞察。我曾近距離觀察以及受益過兩位主管的好聽話。

・高含金量案例一：

一場跨部門會議中，聽一位同事做簡報，同事講得飛快，上氣不接下氣，急著說明和解釋他的方案，這時候他的老闆在旁邊輕聲地說，慢慢講沒關係，這裡都是我們自己人，不急。

這老闆很體貼，我認為這也是高含金量的好聽話。

・高含金量案例二：

我離開業務工作，轉進行銷工作當PM時，曾經有一段很不適應的時間。有次開會我罩不住，主管跳出來幫我解圍。會議結束後回到辦公室，主管約我聊天，問我「剛剛我跳出來插話，你會不會介意？」

這句話像鉤子，勾破我的防備，眼淚不聽使喚掉了下來，我說了一些責備自己不夠tough、不夠會吵架，自認不是好PM的一些沮喪話。要命地是，主管的房間內沒有衛生紙，我哭花了臉，沒得擦眼淚，沮喪和尷尬同時氾濫著。

主管看著我，用一種吃鹽酥雞就是要配珍奶這種天經地義、自然而然的態度對我說，「你正在嘗試新的工作，不一樣的東西本來就比較困難。如果事情都很簡單，沒挑戰，就沒意思了，對嗎？」

沒有責備，沒有勉勵，沒有任何矯情。主管的話，戳中我肉做的心，我記得走出她的辦公室時，覺得被理解了，準備好繼續做好做滿我的工作。這是目前我見識過，含金量最高、沒有特定話術招式可模仿的高明好聽話。能說出這樣的好聽話，是能貼近人心的高手。

至於含金量低的好聽話，說白了就是方便話。高層說冠冕堂皇、政治正確的好聽話，用來包裝失敗，推託卸責，或逼著部屬就範。

先來分享喜歡說冠冕堂皇好聽話的老闆案例。

・低含金量案例一：

當保險業務員的那年，一位同事因為家中有親人罹癌生病，為了幫家人分攤照顧責任，工作時數變少了，業績自然也進不來。業務大老闆有業績壓力，業績報表不好看，於是來催促這位進度落後的搖錢樹。

大老闆沒時間關心同事的家人，或同事本身的狀況，他充滿效率，直接切入重點，板著一張臉對這棵搖錢樹說，某某啊，我們的工作是神聖的任務，你沒有外出銷售保單，就沒有照顧到廣大的家庭。最近新聞上那場火災，死掉的那名消焚人員，他的家人沒有保險，這種悲劇，就是因為壽險業務員沒有盡到責任。你現在失職，你知道嗎？

激將法就像浣腸劑，可以刺激肛門，但無法治療便秘根本。同事走出大老闆的辦公室，聳肩苦笑，原本已經在懷疑工作價值的他，被老闆這串話刺激後，心情更低落，過不久便辭職了。

輪到我辭職的時候，大老闆為了留我，好説歹説。先説阿發啊，辦公室很多資深同事都很看好你，這麼早離開可惜了。眼看我不為所動，大老闆又拿出了神聖職業道德的浣腸劑刺激我。

「阿發，你念翻譯系的，你的好朋友如果今天突然過世了，你能對他有甚麼貢獻？頂多翻翻訃聞。但如果我們是壽險顧問，朋友客戶過世的時候，我們有能力拿著一張壽險支票去照過對方的家人，難道你不在乎工作的價值？」

我想到了離開的同事，想到了他的苦笑跟聳肩，想到「啊！這又是冠冕堂皇的好聽話，激將法。」

「我不在乎。」我堅定地頂嘴，雖然心頭在發抖。

那一刻，我看到大老闆眼中一閃而逝的詫異。他變了臉，草草結束跟我的對談，因為老闆知道我是認真求去的。激將法浣腸劑，無法有效對付能獨立思考、知道自己要什麼的人。

．低含金量案例二：

我的新加坡籍前老闆，老愛提當年勇。特種部隊出身，國家公務員，機師和精算師背景。雖然他已經是商業人士，穿著西裝而不是軍裝，但他身上總是掛著一排隱形勳章，任何機會都要將勳章取下來，拿到大家面前晃一晃，或請大家傳閱後，再小心翼翼且珍貴地掛回身上。

軍隊出身的他，相信「榮譽感」能驅動所有人。因此，交代任務時，他會這樣說「阿發，這個任務很重要，交給你，只有你能做得最好。我希望做得又快、又好、又便宜，可以嗎？」

聽到老闆這樣說的時候，我並沒有欣慰地流下眼淚，覺得自己受到重用。相反的，受過業務訓練的我，已經內建了胡說八道偵測機（Bullshit

Detector），我帶著禮貌的微笑，內心想著，老闆少跟我來這套話術，我包準你對所有人都這樣講。

我的直覺是對的，這是老闆學來的話術。

在一次員工交流活動中，這位沉溺於軍人角色無法自拔的老闆，跟我分享了他年輕時在英國工作的經驗，那時候他的老闆也總是跟他說「這件事很重要，只有你才辦得到」，他被這樣的榮譽感驅動，經常把事情做得又快又好。

後來他也發現了，這是老闆慣用的雞湯伎倆，原來餵雞湯這麼有用，於是後來征戰商場帶團隊時，他也沿用了這個話術，堅信對部屬講好聽話，撩起部屬的榮譽感，就能所向披靡（策馬揚鞭奔馳帥氣貌）。

好聽話跟你想的不一樣

說含金量低的好聽話，是職場修練。不僅老闆愛講，資深上班族也愛講。上班族說些含金量低的好聽話，主要用來討老闆開心，或打太極推事情。

根據我蒐集到的觀察樣本，喜歡說低含金量好聽話的人，通常在本身職務上是個懶鬼，不喜歡動腦或動手做出實際成績，不喜歡讓自己累。

但他們把握每個讓自己被看到的機會。不做事，想甩掉事情，或老是搞砸事情，這樣的人該怎麼刷存在感呢？經常對老闆說 Yes，講些表面好聽和體己話，扮演順民或 best friend 的角色，用「態度好」來積極刷存在感，是這些人的生存策略。

好聽話加上好演技，就是上班族專屬綜合維他命，保養職涯存在感。寫到這裡，想再跟大家分享一位精通低含金量好聽話的模範資深上班族案例。

阿芳是總務部的資深員工，她主要的心力都放在善用公司資源，也擅長創造機會給自己人，像是主動跟總經理打聽公司有沒有實習生名額啊，總經理被勾起培育人才的社會責任使命感後，破例提供有薪實習生名額，阿芳當然名正言順，把這個唯一名額送給了自己的兒子。

她有一套清晰的打迷糊仗哲學。雜事，瑣事，上級長官不會看到的事，一定轉手出去請同仁處理。若事情問回到她身上，阿芳也會在第一時間撇清責任，萬用句型包括「這我不清楚」、「是某某某跟我說……」。

上班時間，桌上電話響起，阿芳瞥一眼來電的分機號碼，如果是來討債催東西，而且對方也不是主管級人物，就讓電話一直響。但老闆在群組的發言，阿芳一定秒回。「是喔」、「對嘛」、「呵呵呵」、「老闆你手藝真好」、「女兒好可愛」，加上各式各樣的開心貌貼圖。

萬一老闆問到公事呢？阿芳也會第一個回應，「就我知道，這件事……」。阿芳提供的經常是錯誤資訊，但有什麼關係呢，她的重點是秒回，其他嚴謹或受不了魚目混珠的同事，自然就會跳出來更正資訊，阿芳只要在群組裡巧笑倩兮、謙卑客氣的謝謝同事，就可以輕鬆結束這一回合。

提不出建設性的沒主見或作法時，阿芳就透過換句話說的方式，刷自己的存在感。像是整理一遍老闆的說法，用受教的方式誇獎老闆，「對齁，我怎麼都沒有這樣想。老闆你果然還是比較有經驗」，「是，老闆就是因為你之前做了A加B加C，所以我們有這樣的進展」。

阿芳不只積極對老闆講好聽話，對於任何做不來或想甩出去的工作，阿芳也有一套獵捕倒楣鬼來幫自己的方法。她會鎖定比較資淺，能力不錯，態度溫良恭講讓的同事來發動攻擊。

方法很簡單，就是搬出「老闆說」，加上各種客製專屬的「誇獎說法」，像蜘蛛精吐絲，織羅出一張綿密的網，只要獵物不察或心軟，答應幫忙，或答應參加阿芳口中所謂的「集思廣益」會議，接下來就是一段責任糾葛不清、公親變事主的悲劇結尾。

練習多講白目話可以幫你擋煞

人人都喜歡聽好聽話。好聽話像糖像酒像毒品，會讓人上癮。而辦公室裡的好聽話達人，深諳人性，喜歡用透過好聽話包裝不良意圖，誘捕天真單純的你我。想要逃過網羅，明辨是非，明哲保身最好的方法，就是擁有獨立思考的能力，別把好聽話一律當真，不要被好聽話迷惑，甚至，你要練習勇敢說真話。

同事C教會我真話的力量。

C是個聰明有邏輯的女孩，她相信每個人都要為自己負責任。她人生中唯一的缺陷是沒有企圖心且不缺錢。沒有企圖心往上爬，不用為五斗米折腰，成為她明辨是非耿直做自己的最佳養分。

C的主管個性跟她不一樣，是個悲劇性格男子，經常一開口就唉聲嘆氣，說自己最近好辛苦，事情好多好複雜，辦公室政治這樣亂又那樣亂。有一陣子，悲劇性格男子被升遷了，但他的人生沒有變得更喜樂，男子只要跟同事開會，又是嘆氣，又更辛苦，又更複雜了。

有天，男子的悲劇性格又發作了，部門會議一開始，他又開始抱怨公司政策沒有照顧中階主管，流言飛來飛去讓他好困擾，喔對了，還有人剽竊他的創意去跟上頭邀功……

「那要幫你報警嗎？」C冷不防地說。男子愣住了，反問為什麼要報警。

「你不是說有人偷你的idea？」

「還是你想要離職？聽起來你變成部門主管後日子很苦耶。」

C帶著真誠的不理解，吐出內心的OS。後來悲劇男子不再找C抱怨或談心事了，改找其他願意講低含金量好聽話秀秀他的部屬聊天去了。

同事C的示範，讓我見識到真話就像洗髮精，當惱人的小強出現時，只要精準地往小強身上（特別是腹部）按壓一兩下，小強就會困在濃稠液體中，慢慢掙扎氣絕。

真話，或讓人無法接招的白目話，聰明使用，可以幫你消災解難。身為職場上班族，練習說好話得人疼的時候，也別忘了練習說真話，你可能因此會有點討人厭，但你會得自由。

好聽話加上好演技，就是上班族專屬綜合維他命，保養職場上的存在感。

面癱不是病，不用花錢治療

我天生面相莊嚴，臉部肌肉常態性處於待機模式，思考或放空的時候，「面癱」狀態經常讓人誤以為我心情不好。轉職當業務那年，朋友取笑我說「阿發你平常臭臉，當業務要陪笑臉，你這樣不行啦。」

為了治療面癱病，我花了錢去上課。上課後才發現，很多同學跟我一樣「臉臭心善」，臉臭的原因可能只是個性慢熟，或太陽上升星座剛好在摩羯座。過了一陣子聊開後，發現大家都屬於人際高功能，聰明機靈可愛善良，面癱卻也有著上進心。為了提升自己的職場競爭力，我們這群「面癱者」天真以為打造「親和力」是增進際溝通順暢的唯一方式。我們相信了課程簡章的話術，掏出白花花的鈔票，走進了教室。大家的目標如此單一明確，懷抱的願望如此純粹無暇。我們要的不多，只想訓練自己「笑起來」，成為無害、親和且吃得開的2.0版本。

第一印象，膚淺卻有用

天底下沒有新鮮事。如果你平常有大量涉獵心理學和溝通主題的讀物，你會發現這門課的概念類似每年中元節各大賣場推出的普渡綜合大禮包。

老師將坊間和人際溝通、心理學、FBI識人術這類的主題，混搭成澎派的教案內容。和看書不一樣的是，看完書我們通常以為自己懂了，但其實多數時間我們還是靠著本能反應和日夜積習做人際互動，知道做不到比比皆是。我們累積了很多知識、know-how在腦子裡，一不小心就知識障上身，自以為見過世面，這些雞毛蒜皮溝通tips都懂，殊不知我們以為自己擅長溝通、人緣好的錯覺，真正原因推敲起來只有一個，那就是身邊的親朋好友、同事老闆都在忍耐我們。

進教室上課，可以消除你的知識障。透過練習和實作，老師和同學的回饋，漸漸的，我找到了身上的社交魂按鈕。我學會了當別人跟我說話時，我會把我的上半身轉向對方，雙眼誠懇地盯著對方臉上的黃金三角區，搭配輕巧但節奏分明的點頭。微笑時記得太陽穴用力、笑肌上提，積極聆聽搭配回應對方話底下沒說出口的情緒，漸漸地，我感覺到我是春夏交接晨間時分大地散發出的金黃色溫潤光澤，不管我走到哪裡，都是一陣和沐春風。老師同學說我進步了，身邊的朋友說阿發你好像變得臉沒那麼臭了，我開始自我膨脹了。

我告訴自己，拜託，社交這種事，人見人愛貌，我不是做不來，我只是欠栽培。看看，經過訓練的我，根本是個人際互動更生人，殺氣少了，人柔和了，像我這種優質業務，年薪沒有三百萬說不過去。

假的真不了。Fake it, till you can no longer take it.

帶著錯誤的自我認知，自我感覺良好地過了一陣子，直到有一天，一通視訊電話將我打回原形。

這天我跟一位客戶視訊。聊著聊著，我看著螢幕上的自己，嚇了一跳。

我對天發誓，那時候的我專業盡責，啟動受過精良訓練的社交模式，有意識地打開我的和善語氣和友善態度來執行這通業務電話，現在回想起來，耳邊似乎還可以聽到自己銀鈴般的親和笑聲呢。

但，我的面部表情跟我的社交狀態，一整個兜不上。我看見自己傾聽不語時，眉目間彷彿剛打了過量肉毒桿菌，啊不是，這比喻太負面，我重來一次，我的表情更像是天氣晴的日月潭，湖面不起一絲漣漪，太陽穴跟笑肌忘了用力拉提，臉部肌肉看起來睡眼惺忪，完全懶散貌。

所謂「眼見為憑」，不管從哪個角度看手機螢幕上的自己，我不是那個我以為的社交更生人，我沒有面善，我法相莊嚴，面癱老毛病 is back！

當下我很驚愕，我以為我不一樣了，我以為我已經把自己調整成親切、健談，隨時準備扶老奶奶過馬路那樣的優良形象，但眼前的我，跟過去的我，我肉眼看不出來阿發的面部表情究竟差在哪裡？

這通視訊電話讓我思考，究竟為什麼坊間有這麼多課程，要我們不斷扭曲自己的本性，學習一系列的公版話術或技巧，只為了讓我們符合多數人對於「人際溝通高手」和「成功業務」的刻板印象？

你回想一下你人生中聽過最溫暖，最難忘的對話，對方難道舌燦蓮花運用話術嗎？那些觸動我們或促成改變的，往往是真心誠意，近乎簡樸的表達呈現。

那時候的我選擇挑戰業務工作，以為只要憑著摩羯座的企圖心跟意志力，加上受過精良的「面部表情和肢體語言」管理訓練，我就可以像綠巨人浩克一樣，雙臂一舉，瞬間掰彎我的「宅」性格，一路逆著本性飛翔，成為社交花蝴蝶，在需要密集與人交流的銷售領域上發光發熱。

我花了這麼多錢和心力，試圖替自己的臉戴上嶄新面具，啟動全新的業務人設。But，戴面具跟戴假牙假髮是一樣的，為了維持膚淺的表象，所有的假裝都得刻意維持，隨身攜帶。

假裝，是違反本性的，是裝不久的，人際更生課程順利完訓，我學會了如何假裝，但我的業務生涯卻在一年後畫上句號。

一直假裝，真是累死我了。

然而，這個試錯過程，並非徒勞無功、浪費生命。透過學習「如何假裝成為一個不是我的人」，我更認識自己了。我學會如何根據不同的情境場合調整我的個人社交狀態，隨時都可以進入國民閨蜜的人設，開朗健談，真誠傾聽。

只是，每次啟動社交模式，一小時的專業假裝，就得讓我花一整天來平復能量。真正的我，是嚴肅的，多半時間面無表情，喜歡花時間思考獨處勝過跟很多人相處。這樣的我，竟然把自己丟進業務領域，試圖鞭策自己成功？

我不用是媽祖婆我都知道，歹路不可行。我可以假裝，我也可能可以在業務銷售領域成功，但我就是得花比別人N倍的力氣才能前進。光是臉部肌肉要管理這件事，就足夠折騰我了。

後來，我懂了，「本性」是地心引力，是宇宙定律。想要逆著本性來，注定是一場華麗的失敗。我輸在我假不下去。Fake it till you make it，這句經常被廣泛引用，用來激勵你我透過模仿創造恆久改變的英文格言，直白的翻譯就是假久了就變真的。

我的個人經驗告訴我，假久了，你只會懷疑自己。成為人際溝通高手這件事說來不容易，卻也簡單。學了這麼多技巧跟話術，你本質不是個溫暖的人，你就說不出溫暖的話。你本質是不快樂的人，就算說一大堆樂觀開朗的客套話，別人仍然可以從你的毛細孔聞到憤世嫉俗的氣味。

離開業務工作很久後，我才慢慢懂得，所有的假裝都得付出代價。修練自己，讓自己盡量活成一個快樂、自在、寬厚的人，自然就會成為一塊人際磁體，吸引來值得交往的朋友。這麼簡單的道理，我是在放棄假裝後，才懂得的。

那些觸動我們的人際互動，往往都是真心誠意、包裝不來的往來。

CHAPTER

第 三 章

比起全面付出，選擇性努力走得更快活

選一句可以洗腦自己的座右銘

年輕朋友小花告訴我一個她的個人故事。大學畢業後，她曾到一間傳產公司面試，面試時，人資主管問她有沒有個人座右銘。她沒料到社會如此險惡，竟然會用這種八股問題突襲她，她壓根沒準備。為了應急，腦袋瓜CPU瞬間開啟高速運轉模式，咻咻咻旋轉，努力想從記憶區掃出一、兩句拾人牙慧，聽起來聰明有Sense的座右銘。

小花太沒用，閃現腦門的第一句話，竟然是電影蝙蝠俠黑暗騎士中，大反派角色、希斯萊傑那張小丑臉輕蔑說著Why so serious？

Why so serious？幹嘛這麼認真？

小花慌張了！她知道這句話聽起來不夠激勵人心，也不夠上進，如果說出來，面試官可能會立刻在她的面試資料上打上大大的紅叉，寫上永不錄用，理由是座右銘不夠正面。

那次的面試，不了了之。年輕朋友沒有受到創傷，也沒有懷疑自己是否不夠好。她心想，還好她沒有像樣的座右銘，要不然人資主管當真，以為她是個正面積極的奴才，錄用後，她得在一間不到二十人的中小企業表演上進的態度，每天晨會還要先喊公司口號（面試官透露的），這畫面太北韓，她光想像就渾身發抖。

聊完往事後，小花問我，「阿發，你有個人座右銘嗎？」在我分享我的個人座右銘之前，我認為有必要先來討論「座右銘」在職場上的具體功能。

．功能一：營造企業主高大尚形象（假象）

座右銘是一種態度，一種信念，一種標籤，一種提醒。座右銘具有指南針效果，讓你在迷失時可以隨時幫自己重新做好定位。家訓、校訓、企業核心價值，都具有座右銘的性質。座右銘必須高大上。你想想看，哪間企業不說自己信仰誠信、正直、創新、公道、重承諾、愛合作、踏實苦幹這一類的美好價值？就算企業裡的董事和股東一致相信賺錢最大，身為菜鳥的你在電梯裡遇到蔡董，你鼓起勇氣問「蔡董，您這麼成功，打造出這間跨國企業，是數千名員工的衣食父母，請問您的座右銘是什麼？」

蔡董不會跟你說，孩子啊，我能夠成功就是因為我相信 show me the money，還一路 kiss and kick ass。

不不不（搖手指），這聽起來太市儈、太沒高度了。蔡董會告訴你，當年他就是靠著「天公疼憨人」還有「努力不會辜負人」這樣的霸氣跟信念，一路挺過來的。

真相，是不能拿來當座右銘的，至少，當有一天你成功了，有人問起你怎麼成功，你相信什麼的時候，你一定要替自己準備一些像樣的座右銘，以免哪天你被問到時，你說不出像樣的一句話。

・功能二：組織要你聽話用的

座右銘，還可以用來為容易徬徨的員工指引方向。

我挑戰業務工作的那一年，大大小小的會議上，業務主管們總是會將「簡單。相信。照做」這六字箴言掛在嘴邊，提醒新人碰到挫折時，不要想太多，不要懷疑長官的帶領無用，只要照著公司教育訓練的方法走，活動量達標，銷售成果早晚會還你公道，業績可以治百病。畢竟，銷售工作是這樣的，你不先壯大自己，怎麼去洗腦客戶？

我也碰過喜歡玩角色扮演的長官。長官熱衷於擔任軍隊指揮官的角色，上任三十天內就頒發了團隊守則，特助特別彩色列印了A4大小的文宣，每人都要拿一張，上頭清楚寫著要打造「高效喜樂」的團隊，接著列出十多條精神守則。特助預告，長官有交代，可能三不五時要抽考，期許同仁盡可能背誦上頭的內容，這樣長官一抽考時，就能帶著燦笑、一口流利地說出「我們是高效、喜樂的團隊」。

長官開會時，總是勉勵大家，態度很重要。白雪公主裡頭七矮人有開心果Happy，還有愛生氣Grumpy，長官堅定地說，碰到事情時你可以選擇當Happy或Grumpy，一切操之在你手中。坐在第一排的一級主管們，都帶著亮晶晶的眼神，崇拜地看向長官，只有我跟同事咬耳朵說「還有一種人，Creepy，怪胎！」

總之，團隊文化需要靠口號建造，當主管的最好要常備座右銘，方便洗腦你的團隊。當大家都能喊出同樣的口號，就能成功製造一種我們都是自己人的錯覺。

・功能三：自己幫自己打氣

有朋友問過我，為什麼從事保險或直銷業的人，特別強調正能量，特別愛喊激勵口號？我個人觀察，銷售工作無法炒短線，想要健全經營業務工作，需要長期積累溝通能力、專業知識、多元人脈。偏偏，從事業務工作的現實，就是你的老闆和你的上線沒時間等你長大，你最好今天上前線，明天就業績百萬。你被期待走上銷售擂台，打贏每一場比賽。必須贏，本身就是一種壓力，銷售工作是近身肉搏戰，在你終於找到自己的銷售節奏和能耐前，日子多數時候宛如行走幽暗隧道內，為了鼓勵自己走下去，喊口號給自己聽，給身邊的人聽，激勵自己，日子才過得下去。

不只是做業務的需要自我激勵，辦公室內勤人員的內心，也經常傷痕累累。差別的只是，折磨我們的不是消費者和客戶，而是討厭的老闆和同事們。

如果你跟我一樣糾結，一來必須仰賴組織生活混口飯吃，但又想在集體生活中保有獨立思考的空間，該怎麼辦呢？

我認為最好的方法，就是找到自己的座右銘，而且不只一個，要有多個座右銘。你把座右銘想成綜合維他命一樣，因為職場生活對身心靈總會帶來不同種程度的傷害，**當你擁有多種座右銘，就能即時透過這些心靈維他命，為自己喊話，替自己打氣**，讓這些座右銘或心靈小語當你的生活浮木，緊抓著度過職場中的混亂洪荒。

給控制狂的專屬座右銘：「管它去死」

講了座右銘的功能後，該來回答小花的問題了。我的辦公桌前貼著隱形的一句話：「這世界不是繞著你轉的！」這句話是我的座右銘，當工作中碰到失敗，被羞辱或被激怒時，我都會捏自己的大腿，在心裡覆誦「這世界不是繞著你轉的。」

正因為世界不是繞著我轉的，所以工作中遇到不順或被整，都是正常的。眼前所有無理的、愚蠢的、狡詐的、徒勞的發生，也都是正常的。我經常用這句話安慰自己，有時候也會用這句話來調侃自我感覺過度良好的同事。

基本上，這是一句送禮自用兩相宜的座右銘。如果你跟我一樣，有過度認真的毛病，不願意鬆口承認自己是個控制狂，經常容易心累，那麼請讓我再跟你分享一個故事。

最近我朋友告訴我，她人生中最有力量的一句話就是「**管它去死！**」

朋友是在外商公司上班的高階主管。副總的頭銜意味著她得讓自己盡可能地保持得體和光鮮亮麗。不只是外型，還包括能力。

高階主管會議上，坐在她身邊的是其他副總。當副總遇上副總們，同儕間暗潮洶湧的較勁可大可小。大的較勁當然包括這責任誰扛，這功勞算誰的這一類的角力。小至包括「用英文報告」這件事。

是的，和阿兜仔CEO開會，就算旁邊備有翻譯，但當A副總也講英文，B副總也講英文，輪到你的時候你不講英文，感覺就……弱了！

朋友的英文不算頂尖，用英文報告不是不行，但要用英文犀利地跟人吵架，就有一種引擎使不上力的感覺。朋友有一陣子甚至還利用晚上的時間去補英文，為的就是讓自己在會議上看起來罩得住。

有一天，朋友和部屬C聊天。聊著聊著，C笑開懷地說，他常常跟那些太矜持、不擅長說不、太容易為別人想的朋友們灌輸「管它去死！」的概念。

這概念就是，老娘／老子如果已經盡了自己最大的努力完成一項工作，但還是有瘋狂老闆或狡詐同事來找麻煩、甚至說三道四。那就只能兩手一攤，聳聳肩說「管它去死！」

「管它去死」不是不負責任。

相反的，需要把「管它去死」當大悲咒誦念的人，通常是過度認真、太在意他人觀感、太完美主義、臉皮太薄或自我意識過剩的人。

知道自己盡力了，但即便如此，仍有些結果、局勢、他說她說之類的評價，就算了，不往心裡去，放過自己。因為，**這世界並不是繞著自己轉的。沒有必要為每一個不順你意、或超出你預期之外的人事物過度執著。**

我的副總朋友，沒出息地被部屬C洗腦。她告訴我，後來的高階主管會議上，她只講中文，用中文提案，也用中文罵人，而且沒有任何不如人的不安。

「反正有翻譯吶！我用中文可以把我的觀點講得很清楚，這是最重要的！我就想著管它去死！」

「管它去死」這麼激勵人心，庶民智慧真是出乎我的想像。後來的我，也把「管它去死」這四字咒語加入我的常備座右銘清單。不順的時候持咒，讓心輪開、智慧也開。

座右銘的好處真的很多，與其讓公司洗腦你，不如自己洗腦自己，趕快為自己挑上幾句話吧。

與其讓公司洗腦你，
不如自己洗腦自己。

你不是新台幣，你不能討好所有人？

這是最近在網路上看到的一句話，年輕的創業家，或更具體地說，靠著線上銷售知識賺大錢的年輕楷模，透過社群媒體餵大家喝雞湯。他用堅定的眼神，專家的氣魄，鼓勵大家勇敢做自己，不用討好人。

這句話，就像是萬用高劑量B群，超給力的。

我相信這位年輕創業家，吸引了一堆想跟他一樣厲害的年輕人。

我回想，自己更年輕的時候，其實比現在更憤世一點。認為自己有理想，有抱負，有遠見，身邊很多食古不化的化石前輩，職場中很多討人厭的潛規則不得不配合，時不我予，這年代賺錢真的比較難，blah blah。

年輕的時候，覺得妨礙自己做大事、成為大人物的絆腳石好多。一路活到了中年，絆腳石和煩惱仍然沒少過。

我想像著，在我搞不定人生的時候，比如老闆不買單我的策略報告，資深老屁股同事給我拿翹，連假沒有朋友約我出去喝一杯……當我感覺到世界對不起我，我又懶得去做一些調整，好讓世界站在我這邊時，我就站起來，對著窗外大喊：

「我不是新台幣，我不需要討好所有人，FUCK YOU！」

聽起來，是不是超給力的？這就是心靈雞湯的魅力。感覺自己心靈疲弱時，隨便找一些似真半假的雞湯、暢銷金句來為自己打氣。

心靈雞湯就像你辦公桌上擺的維他命C和B群，維他命的存在可以幫你的肉體短暫打氣，讓你覺得眼睛亮了，精神來了，身體啵棒的。

只要身體覺得軟爛，就來一點維他命C跟B群，但你知道的，這終究是假象。想要長期維持健康的體魄，你需要做到的是更本質的事情，比如，好好吃飯，好好睡覺，規律運動，保持樂觀心情。這些聽起來很簡單，但都需要你用毅力和意志力持續去做好這些平凡的小事。

但很多時候，我們會選擇亂吃熬夜，隔天再靠維他命擋一下。我們濫用維他命，就如同我們愛用心靈雞湯，讓我們可以維持表面的和平，超棒的！

也許，我們都誤會了心靈雞湯

還好，心理學者阿德勒寫出了《被討厭的勇氣》。這本書近年來暢銷後，有效撫慰了這個脆弱又疲憊的世代。只要當我們覺得世界與我為敵，或純粹想為自己的任性或輕易惹怒人的行為找個光明正大的理由，這時候就可以抬頭挺胸，用深邃的眼神望向遠方，嘆口氣地說：「我正在練習被討厭的勇氣呢。」

不管是做自己，或勇敢被討厭，我們從心靈雞湯或暢銷書隱約模糊地學到了一種態度，就是沒關係啊，你們討厭我沒關係，反正我就做自己，因為我有個性，我有自己的主張，我是有救、有抱負的人，你們這些同流合汙、隨波逐流，目光如豆、沒有遠大夢想的人懂什麼。

我是來到中年後才逐漸明白，很多時候我們只剩下裝沒事、裝堅強、裝勇敢的選擇，那是因為我們連自己要什麼，要堅持或守護什麼都不知道，所以我們只好守護某一種很酷的態度。

我發現一個很清楚知道自己要什麼的人，不用服用心靈雞湯，就知道自己何時該彈性，何時該堅持，何時該對周圍的人燦笑，何時該對周圍的人比中指。

比如說，工作上你負責一個專案，你就是得進行跨部門協調，你清楚知道deadline，你清楚知道搞不定這次的任務你就沒辦法升遷加薪了。為了完成目標，你絕對願意該彎腰的時候彎腰，該犧牲妥協的時候妥協，甚至為了催促進度，不惜扮黑臉當 bitch，不管是妥協或堅持，你都知道為什麼。

又比如說，你因為工作量太大、健康亮紅燈，肝快壞掉了。過去你享受自己被需要的存在感，或純粹是你個性太軟爛，面對其他人拋過來的爛工作，你一肩扛起。但現在，你再不照顧自己，你就要掛點了。所以你要開始練習去say no，以前習慣指使你的老屁股同事會開始在背後碎嘴，說你人資深了，跩了，難配合了。但你不在乎，你必須劃清界線，你敢被討厭，不是因為這種態度很酷，而是因為只有這樣做，你才能照顧自己的健康。

一個清楚知道自己要什麼的人，願意承擔每個選擇和每個決定帶來的後果。我們會視眼前的情況，選擇最適合我們的態度和行動方針。

心靈雞湯，就像你桌上擺的那些維他命C跟B群，通用型的保養品，通用型的劑量，吃了沒敗害，同時又能產生一種好像有在照顧自己的錯覺。但你不應該讓心靈雞湯或維他命奪去你獨立思考，或從更本質的地方著手照顧自己健康的機會。

練習拆解心靈雞湯，產生你自己的註解

「你不是新台幣，你不需要討好任何人。」這句話聽起來很酷，但我很擔心，這句話會誤導很多人，讓很多人甘心地放棄讓自己成為一張新台幣，放棄讓自己成為是個咖、是somebody的機會。

新台幣之所有很多人愛，是因為有價值。我這幾年體悟，如果別人給你臉色，甚至討厭你，或你處處碰壁，得不到溫暖，那只有幾個可能性。

可能性一：別人還不知道你是個咖，所以拿隨便的態度對待你。

可能性二：你真的不是一個咖，所以別人覺得沒必要好好對待你。

這世間就是這麼現實。**人情冷暖，就是最好的度量儀**。你是個咖，能拿出作品，背後有靠山，講話就有分量，大家就會對你燦笑。如果你不是個咖，被嘲笑被唾棄，覺得自己只是做自己，別人不懂就算了，這種心態會讓自己很被動，像個受害者，因此放棄了改善現狀的機會。

所以，如果你內心覺得自己很孤單，別人不懂你，別人經常找你麻煩，這世界對你不友善，白癡很多，等等等等這樣的OS，在這麼寂寞低潮的時候，千萬不要用自己的右手大力拍自己的左肩，然後告訴自己「我又不是新台幣，我不需要討好任何人！」不，你要大聲地說，我要讓自己是新台幣，有一天我要讓全世界對我燦笑！

然後開始讓自己負起責任，改善狀態，端出作品，讓愈來愈多人站到你這邊，喜歡上你。讓自己是個咖。如果你本來是張百元鈔，就讓自己奮進到五佰元鈔，千元鈔，最後變成一張鉅額支票。

「你不是新台幣，你不需要討好任何人」這句聽起來很有感的心靈雞湯金句，經過我的消化反芻，我自行得到的結論是，不，我要端出我的作品，我要想辦法證明和提升我的價值，我要成為新台幣，不是銅板，是千元鈔的那種！

你呢？你最喜歡哪句心靈雞湯？這些雞湯有幫助你過得更好嗎？

別糊里糊塗相信了某些雞湯。更別糊里糊塗買單了檯面上成功人士告訴你的雞湯，好聽話都是經過提煉萃取的，你看不到全貌的。與其聽別人的雞湯，倒不如好好的從自己的生活中去認識自己，去提煉出屬於自己的成功心法。**自己的心靈雞湯自己熬**，這是值得我們練習的一件事。

不要放棄成為一個咖，讓全世界對你燦笑的機會。

自我感覺足夠良好，就可以把世界踩在腳底下

有一次陪好友去看房子，房子在新北市郊區，擁有高樓視野，一進屋內感覺通風，氣場不錯。我和朋友站在陽台欣賞遠方好風景時，房仲燦笑說著：

「屋主說，在這裡工作，很像把全世界踩在腳下。」

我跟朋友，兩位中年女子，聽到這沒頭沒腦的一句話，瞬間反應不過來。骨子裡任性叛逆的我想雙手一攤、嘴角一撇反問：「So?」，但被社會制約成溫良恭儉讓的我，盯著年輕房仲，擠出一抹溫婉笑容，腦子同時繼續思索：究竟哪一種人會說出「把全世界踩在腳下」這句話？這句話背後的心情又是什麼？現在我該說些什麼才不會讓人發現我聽不懂？

「屋主是男的嗎？」

當我正努力想接通天線，理解「把世界踩在腳下」這句話背後的意涵時，聽到好友反問房仲屋主是不是男性，房仲像碰到知己，立刻點頭說對，接著又陸續報上一些屋主身為科技新貴的豐功偉業。

賞屋後，我問朋友，怎麼猜出屋主是男的？「想把世界踩在腳底下，聽起來競爭心很強耶！我看過不少男生都這樣，特別是中年男子。我們在社團認識的Jack，不就是這樣嗎？」朋友輕描淡寫說著。

是的，我記得社團的Jack，神奇的傑克。傑克三十初頭歲，還沒跨過三十五的門檻，個頭以男生來說算嬌小，一百七十公分有找的那種。傑克的穿著少了他年紀該有的活力帥氣，他永遠是條紋襯衫配西裝褲，或V領毛衣配西裝褲，臉上掛著金屬框眼鏡，梳著西裝頭，發音鏗鏘有力就怕你不知道他英文、中文都很好。傑克看起來就像你的辦公室裡頭一定會有的某某小主管的樣子，一種努力撐起自己優秀的樣子。

如果你參加學習型社團，社團就是個組織，為了給大家一個分工學習的理由，自然就會有社長、教育長、公關長、秘書長這一類的頭銜。社團再往上，會有分區，分區再往上，會有總會。不管你參加演講會、扶輪社、獅子會、BNI早餐會，只要你待得夠久，展現多一點服務熱忱，任何人都可以蒐集到一堆冠名頭銜，就像你經常去7-ELEVEN消費累積到很多點數是一樣道理。

沒有人會秀出小七的集點卡，用集點卡證明自己財力雄厚。但很多人會將在社團裡走跳蒐集來的官方頭銜，拿來證明自己的優秀。

神奇傑克就是這樣的一位集點卡男子，蒐集頭銜點數，讓自己感覺良好。因為傑克算是較資深的會員，因此只要社團場合出現他，他出場的起手式，往往就是以下一長串的自我介紹：

「大家好，我叫傑克。我是二〇二一年台灣總會秘書長，曾擔任過二〇二〇年C區教育副總監，同時也是A分社跟B分社的創社導師，在更早之前呢，我擔任過……（以下省略十個頭銜）。」

第一次聽到傑克帶著標準的社交燦笑，用抑揚頓挫的完美口條介紹自己的冗長頭銜時，我大開眼界，想說這人好優秀喔，怎麼這麼厲害。

第二次，第三次，以及後來的每一次，只要社團活動巧遇傑克，他又開始用 Excel 跑報表的方式來交代自己的豐功偉業時，我就會開始恍神和眼神死，想說這世界上怎麼會有這麼無趣和官僚作風的人！

社團朋友跟我說，傑克在傳產公司上班，又是負責法務、法遵相關的工作，本來就比較一板一眼。傑克品學兼優、家世背景良好，社團裡的人多少都有耳聞他是被家裡捧在手心呵護大的孩子。後來，他在社團裡交到一位甜心女友，跨年夜當天，傑克有門禁，午夜散場時他得跳上著南瓜馬車，但因為散場人潮太洶湧，最後傑克還是靠著媽媽幫忙叫南瓜車，啊不，叫計程車才順利返家。當然，這麼私密的趣聞，是在傑克和女友分手後傳出來的。

我以為傑克是極端少數的樣板人物，總是處處提醒大家「我很棒」、「我很優秀」的事實。隨著我累積工作經驗，見識愈來愈多款嘴臉，我才發現想把世界踩在腳底下的傲氣科技新貴，或是像傑克這樣的集點卡男子，到處都是。

男性展威風似乎是本能。

公司裡，我認識這樣的一位男同事，擅長不經意地提到自己的過往。不經意地提到自己以前當過主管帶過人，不經意提到自己算是純行銷出身，不經意提到自己待過A廣告公司以前應付甲方經常要熬夜 on call 有多辛苦，也會不經意提到他可是某某專案的內容之父等等等等，各式各樣換句話說自己好棒的創意展現。

有次閒聊時，我不經意地問起他以前待公關業的經驗。

「那你以前當AE時都怎麼做？」（註：AE是廣告業務的代稱）

『我不是AE，我是AM。』男同事快速地糾正了我，以前他的職銜是AM，不是AE。我愣了一下，很快意會到他正在提醒我他不是AE的層級，是manger，是管理層級。

MeToo，我也是，我也會，我做過……這些都是這位男同事掛在嘴邊的開場語。手邊的報告花了多少時間製作，半夜幾點交，在各種會議場合有機會的時候就提一下，置入行銷手法嫻熟更勝鄉土戲劇台。

如果可以，我很想做一塊巨型珍珠板架在這位男同事的桌邊，珍珠板上寫著「I know everything」。

不管是想把世界踩在腳底下的科技新貴，善於鉅細靡遺交代個人歷年大小頭銜，或是永遠在替自己置入性行銷的男同事們，他們教會我，**活在世界上最有底氣的方式，就是自己給自己溫暖，自己加冕自己**。與其等待別人的認同，不如隨時刷自己的存在感。存在感刷得好就有機會更上一層樓，有一天，真的可以把世界踩在腳底下。

隨時替自己做置入性行銷，也是成為專業上班族的必經之路。

不能掌控的外在因素，笑看，擺爛或放手，都是好選擇

在河濱公園散步時，經過一位婦人，和她的柴犬。婦人和柴犬大概已經走了一段路了吧，因為我看著柴柴厭世地往前，再挪動幾步後，突然不走了。

柴犬就地趴下，兩條前腿往胸口一收，兩條後腿緊緊貼地，用認真的姿態宣告「我現在進入休息模式」。如果從上方俯視，柴柴成為類面紙盒的方形不規則物。看得出來，柴柴累了，不想再努力了。不管婦人怎麼哄，柴柴拒絕起身，有一種打算用這個姿勢要賴到底的氛圍。

不僅是柴柴不想努力，這個社會也開始不把努力當一回事了。

有一陣子，網路流行一種俏皮梗「阿姨，我不想努力了」，年輕鮮肉不想努力工作，如果有長輩女性願意包養，那麼稱謂從阿姨變成親愛的也沒關係，反正不用努力就有人養，多好。

於是，「ＸＸ，我不想努力了」成為全民俏皮話。

如果可以輕鬆，誰想要努力？

不過，我求學成長的年代，社會還崇尚「努力」這件事。畢竟爸媽那一輩，努力過、苦過來的。努力聽話，好好讀書或勤奮工作，就會有出息。有出息並不一定是做大官或做大事，但至少有不錯的錢，可以買房子，可以養孩子，如果孩子長大後繼續窩在家不賺錢，還有能力可以繼續供養孩子，甚至孫子們……寫到這裡突然覺得爸媽那一輩的人好累！

努力盡本份，是美德。這是爸媽那一輩教我的。

等到職場中打滾了幾年，才發現那些過得很爽的同事們，奉行的美德是「**非全面努力**」。老闆認真交辦的任務，才努力。跟自己ＫＰＩ有關的事情，才努力。最高明的努力，是讓別人努力。不管是把工作皮球推給其他更努力和認命的同事，或是努力爬上位成為主管後，把所有執行面的雜事都交給部屬。

職場中，聰明努力的方式成千上萬種。如果你從小就被正直的爸媽養歪，相信努力勤奮是美德，而且還不小心充滿責任感，那你就會是職場中的薛西弗斯，日日夜夜推著巨石上山頭，到了山頭，oops，巨石又被推下山。你哭著奔下山追石頭的路上，又有人順道丟更多石頭下來，上面還有人大喊「等一下一起推上來，麻煩你啦。」

山頭的那群惡人，就是職場中的豬隊友，既得利益者，或冗員。

剛出社會時，我天真的以為，有責任感、夠努力，是職場中的平安符。只要你是人才，只要你帶著這兩個特質工作，你不可能被虧待，往上爬、做大事只是早晚。

後來，我慢慢地發現，每個人對努力的定義不一樣。我的努力，可能是努力盡本份，當個能創造成果、有貢獻的人。有些人的努力，就是努力少做一點事情，努力花掉公司給的福利。還有些人的努力，就是努力透過多元方法增加在老闆心中的心理價值，他們掌握人性，知道能力就像產品規格，當你要跟一堆類似的人競爭，能讓你笑到最後並勝出的，往往不是產品規格（也就是你的能力）。**能力只是標配，好壞是比較出來的，重點是你在老闆心中的份量。**

老闆就是人客，就是消費者。只要你能讓消費者感覺你的好，那麼究竟你是好在產品性能，好在包裝，好在價格，或贏在口碑推薦都不重要。消費者感受到的好，才是真正的好。

每個人選擇性努力的方向都不一樣，老闆覺得你好，你的好才是真正的好。否則，你的努力，並不值錢。

只有努力，是不能成事的

如果你的工作是技術性工作，單純做事，那麼努力＝成果，input＝output，這中間的關聯比較直接。但如果你的工作跟管理、銷售、服務比較有關，你應該更能深刻體會，**想要成事，只靠努力不夠，「投緣」更可能助你一臂之力**。

當業務賣保險的那一年，跟人的連結變得頻繁。以前處理外電新聞工作，事務相對單純。但現在工作的成果取決於跟人互動的成果，我突然發現，不是我單方面說了算，也不是我把事情做對道理講清楚就有成果。

有天跟前輩吃飯，聊起業務工作的挫折，前輩立刻張大眼睛跟我說，業務路要走得久，心理素質和認知，比銷售技巧還重要。

前輩說，她曾經用心為了一位準客戶準備了保險方案，雙方也面談了很多次，但怎麼樣都無法成交簽單。後來，另一位業務接觸了這位準客戶，立刻結單。前輩一開始覺得悶，後來想通了。

「人跟人之間是有緣分的，有時候你說得再對，做得再多，對方不一定能成為你的客戶。這時候你就要繼續見新的客戶，做你該做的事情，不要把時間浪費在沒緣份的客人身上。」

只有努力，是不能成事的。後來我慢慢明白，努力分兩種，一種是清楚知道自己為了什麼目標、為了誰，是一種甘願的努力。另一種努力，是一廂情願、自以為是，或說穿了只是對自己方便的努力。

既然無差別的努力勤勉，不保證仕途順遂，不保證人生少吃點苦，也非絕對的關鍵致勝點，成為資深上班族的路上，我開始調整我的信念，我把爸媽教我「人要努力」這個價值觀，改成「人要在甘願的事情上努力」。

也就是為了我的個人成長，我全力以赴。

為了喜歡的老闆和夥伴們，我全力以赴。

「喜歡」和「甘願」，成為我選擇性努力的篩選條件。至於工作中難逃的「不得不」，就抱持著最低限度的努力，及格，pass 即可。

但戒除無差別努力，並不是今天握拳下定決心「我不全面努力了」，隔天就可以心想事成。這是一條漫長的更生之路，更生速度快慢，取決於你的自我覺察。努力的人，通常也是在乎別人目光的人。一起來檢查一下，你腦子裡是否有這樣的內建思考迴圈？

「我們努力，是為了取得好成果，取得好成果，是為了讓人看得起，讓人看得起，因此覺得自己是個有用的人，覺得自己是個有用的人，所以下次又有可以努力的任務上身時，就繼續努力。然後努力，又是為了取得好成果……」

落入這樣的薛西弗斯惡性循環，你不覺得很可怕嗎？要斬斷「努力＝有用」的認知連結，你必須重塑自己的信念，將你的認真、你的努力、你的能量，盡可能花在能讓事情前進的人事物身上。**不是你能掌控的外在因素，笑看，擺爛或放手，都是好選擇。**

人生很多事不是靠努力推動，是靠「投緣」才促成。

選擇性努力，很輕鬆喔

身為現實的魔羯座，我一直這樣告訴自己，在職場中你必須先成為一個咖，你的意見和想法才能被聽見。否則，就算你有滿肚的高明遠見，如果你不是個咖，別人不把你當一回事，聽不見你的聲音，那麼你肚裡、腦子裡的那些聰明想法，都不算數，你說是嗎？

當一個咖，或是當一個說話、給想法是有人要聽的咖，是需要時間累積的。累積信任，累積作品或戰績，直到你被別人當成一回事之前，都不要怪沒人把你當一回事。

你不能因為「感覺」自己有才華、很有能力，就生氣老闆沒幫你加薪、不尊重你的專業。因為你很聰明很優秀，可能是從小家人或身邊同溫層灌輸給你的假象。

人性通常也傾向好結果跟我有關，壞結果是別人造成的。一個小孩很優秀的時候，爸媽會驕傲地爭相搶功，爭相說「我生的，當然優秀」。但萬一孩子使壞惹麻煩，爸媽就會互踢皮球說，「你看看，你生的，你管一下好嗎？」

基於這樣的人性，我認為我們必須非常有病識感，密切注意自己是否有自我感覺良好的慢性病，你的心頭是否經常出現以下的OS：我很優秀，我業績超棒，為什麼沒有升官加薪？一定是誰誰誰比我幸運，誰誰誰比我會說話，誰誰誰比我會向上管理，所以我沒被看見。

如果沒人理你，沒人要幫你加薪升官，那表示你的利用價值可能還不夠。**現實職場中的一切，都是實質交換**。公司用薪水買你的時間，老闆用獎金回饋你的業績，你用做牛做馬聽話照做換來一官半職，一切的一切，都是交換。

當你能創造實質貢獻或端出代表作，當你實際真切的被需要，你就開始變成一個咖。這道理就像網友有任何問題，第一時間就想上網問谷歌大神，難怪谷歌是搜尋引擎龍頭。你的組織、老闆或團隊成員，是否每次碰到某個領域的問題，就來請教你、聽聽你的意見？

如果是，我猜，你正在成為一個咖。

持續精進自己的人，通常也是努力的人。

所有的努力認真，都必須耗費能量。有些努力，花的是我們的體力跟時間，有些努力，耗損的則是我們的情緒感受。

年輕一些的時候，我認為全面努力是美德，甚至，我看不起那些有了年資，卻老是選擇性努力的前輩。不過，隨著年資漸長，我也逐漸成為那些我討厭的前輩們，我不再全面努力，我開始選擇性付出。會產生這樣的認知變化，在於我理解了兩件事：

1. 因為知道努力是耗能量的，也知道自己真性情，所以我必須將我的能量給甘願付出的對象。

2. 開始理解宇宙不是繞著我轉的。如果看不慣別人的作法，除非我願意擔起責任，否則不要自以為是地淌渾水，只為了證明自己比較高明。

因為我的工作經常涉及跨部門支援，「選擇性努力」這時候就發揮了作用。

・阿發不想努力的例子

部門小領導要我幫A通路設計研討會主題簡報，有鑑於我的小領導自認自己美感很強，簡報很優，另外A通路的主管喜歡整支援單位，需求反覆改來改去，經常精神分裂在這次的會議否決自己上次在會議中做出的結論，我立刻決定只給出六十分的努力，給一個「夠好」的版本。

這個版本，好到讓小領導可以在心中再次確認，他的美感sense制霸全部門，完全沒有對手。而且，當主管的難免都需要做一些指點和評論，好彰顯自己是個領導，所以，我留下足夠的空間，給領導講評。就算他說我的簡報醜，我都不在乎，因為我真的沒他厲害。

另一方面的盤算是，如果A通路主管正常發揮，吹毛求疵、反覆要求修改，我也可以慶幸，我只花了六十分的努力。依照我對A通路主管的理解，你給他富士山蘋果，他會嫌蘋果太香，但口感不夠脆。你改給他梨山蘋果，他改嫌蘋果太甜太脆，希望多點鬆軟多汁口感。

因為我了解部門小領導和A通路主管的個性。他們在乎自己的KPI和尊嚴，更勝於對團隊夥伴的重視。他們需要證明自己，而我的經驗告訴我，在喜歡證明自己比較高明的人面前，你永遠不會夠好，你只會被挑剔。我不會努力在這樣的人面前證明自己夠好，我的任務是讓他們覺得自己真的很好，所以我只給出六十分的努力。

就算知道你的對手會給你負評，也沒關係。**因為不在乎你的人給你負評，你也不用在乎**，就笑笑收下吧。

・阿發甘願努力的例子

小領導跟著阿發去參加一場通路會議，會議前，領導看了我的簡報，眉頭一皺，悻悻然地說，「如果你幫A通路做的簡報有這樣用心就好了。」

這份簡報，是為了跨部門支援工作，為一位前老闆做的。我一直很欣賞這位前老闆（以下以阿姨代稱）。阿姨不是我的直屬上司，但有一年組織異動高階主管大風吹的時候，阿姨被指派擔任我們部門的代理主管一年。

阿姨做事俐落，明理有氣度。做事抓大方向，不會緊咬著小細節不放。跟很多高階主管不一樣的事，阿姨不是聲控型老闆。很多老闆很會講不會做，執行面的東西通通交給屬下去燒腦，自己只負責批評指教。

阿姨的思路清楚，簡報製作和說故事技巧驚人，部屬搞不定的她會接過來自己先做好，看人優點給人舞台，私底下也是個幽默慷慨的人。雖然一年後，我換了一位新老闆，但這一年的合作讓我們建立了信任和默契，我跟阿姨說過，雖然她已經不是我的直屬老闆，只要我能幫得上忙的事情，只要她敲通告，我都會使命必達。

因為阿姨的簡報製作技巧太高段，簡潔俐落又有設計感，我老是說要拜她為師。有個週末，她丟來一個 YouTube 連結，建議我可以參考這個學習資源。那個週末我把影片看了，然後開始修改起我的簡報。也就是小領導看到的那一份簡報，他認為我比較用心、為了別的老闆製作的簡報。

後來我問自己，為什麼會有這樣的差別？沒人要求我加班修改簡報（而且修得再好也比不上老闆的神級簡報啊），我也可以雙手一攤只做我能做的。我想，那是因為我受到前老闆的啟發，想向老闆看齊，想讓自己變得更好，這是由內在動機驅動的選擇性努力。

不要努力扛別人該負的責任

另一種解除自己過度認真的練習，就是**劃清界線，負自己應負的責任，不要隨便扛別人的業障**。

朋友被挖角，到一間傳產公司當董事長的高級幕僚。既然是高級幕僚，董事長無法做決定的事情和公文，通通會先送到朋友面前。困難的商業決策當前，朋友會詳盡地做完市場調查，搭配他過往的經驗，建議董事長該選哪條路，下哪個決策。所有的建議，都跟基於扎實的市場調查、數據研究，以及對趨勢的觀察判斷。朋友認為，幕僚的責任就是提供老闆最佳方案。

但董事長跟朋友養的貓一樣，並不受控。

有好幾次，朋友提出了自以為相當明智的建議，他認為任何有 sense 的人都會拍手說好啊，就採取這個方案。但董事長卻在最後一刻，因為「感覺」加上「個人偏好」，還是選擇了相反邊的作法。

第一次，朋友以為董事長吃壞肚子，連帶影響判斷力。

第二次，朋友檢查了一下星相，確定沒有水星逆行等外力因素。

第三次，朋友受不了跑去找董事長理論，問為什麼大家做了這麼多溝通和測試，明明A款產品的包裝設計更能回應市調結果，為何董事長偏偏要選B？

董事長說不過朋友，最後打悲情牌反問，這公司我開的，難道我不能任性選我喜歡的？我就是喜歡B的樣子！

那一刻，朋友解脫了。

他意識到如果不能把拍板定案做選擇這個小確幸送給董事長，那麼站在老闆的角度想，開公司的意義又在哪裡？管它市場調查，管它客戶洞察，老闆肩頭扛營業額，也扛公司的成敗，老闆在清楚一切資訊後做出了判斷，那就尊重他的選擇。

「以前我會很生氣，覺得老闆不尊重我，不是找我當幕僚、當顧問嗎？我給的建議他又不要，我幹嘛呢？後來我想清楚了，老闆給我薪水，買我的時間，買我最好的專業建議，但要不要用，那是他的事情，他才是老闆，他做最後的抉擇，我只要對得起自己的良心就好了。」

受到朋友的啟發，我也開始調整我的心態，收起我多餘的正義感或義憤填膺，當一個「只管好自己主責的任務，『不過度介入』別人的困難與挑戰，也『不自以為是』給意見，剝奪別人扛責任跟學習的機會」的好部屬和好同事。

「我覺得這樣做比較好」、「我的經驗是」，你的分享跟建議都沒問題，問題是沒人說要你的分享跟建議。選擇性努力的策略，就是當別人問你的意見再給意見，**分清楚自己是 support（支援）還是 lead（主導）的角色，演好自己的劇本，別搶別人的戲**。

別以為沒了自己的聰明才智和機靈貢獻，專案就會毀掉，同事會哭，老闆會哭，公司會垮。不會的，請多多觀摩那些別人提出但你不認同的提案、報告、策略，最後如何推展和執行，又如何陰錯陽差的成功或失敗。

世界沒有你，不會崩毀。

努力的你，不需要急著跳出來證明自己有能耐，不需要證明自己可以扛起每一個挑戰。畢竟觀音娘娘都沒辦法普渡眾生。不努力也是一種節能環保，保護你的精氣神，才能在每一次值得的任務中，全力以赴。

當然啦，努力認真是職場中少數人的緊箍咒，以上過來人經驗談，不適合原本已經很放鬆的你。

選擇性努力是節能環保，
留在關鍵時刻全力以赴。

我沒有企圖心，但我有責任感

「公司裡有很多蜉蝣生物，這些人最大的問題就是沒有企圖心！」

一位人資前輩，閒聊時提到她的職場觀察。她認為組織裡經常藏汙納垢，藏著表面資深，實為冗員的一群人，這群人普遍沒有企圖心，沒有思考如何往上爬，到了四十歲的關卡，如果還沒當上中高階管理職，恐怕就來到了職涯發展的高原，註定不上不下。

我聽了前輩的話，毛髮一豎，戰戰兢兢，半開玩笑地說，天啊，我也是個沒有企圖心的人，我四十歲了，我不是個協理，也不是副總，我完全沒有往上爬的企圖心，我就是前輩您口中的蜉蝣生物啊。

我不知道你們怎麼定義企圖心。我在職場中看過很多「很有企圖心」的人。他們的目標是有一天能夠當上資深經理、協理、副總。這些人的工作能力，並不總是能配上他們的野心。

但，沒有工作能力，有什麼關係呢？嘴皮功夫總是可以有效彌補工作能力的殘缺。這群很有企圖心的人，凡事對老闆說 Yes，一轉身就對同事說這不甘我的事。這群人也許知道自己腦子或能力不夠好，但那有什麼關係呢？

策略規劃、美美的簡報就讓廠商來。要捲起袖子苦幹實幹的事務，乾脆就以跨部門的名義發起一個委員會，然後把任務鉅細靡遺切割成細瑣項目，「外包」給所有成員，成員組合裡最好有殷實勤懇的菜鳥，告訴他們這些任務就是自我挑戰、被上級看到的好機會。這樣的好處是，萬一事情成了，那功勞自己絕對有一份。萬一事情砸了，那問題絕對是所有人要共同分攤。

有企圖心的人永遠知道，攀爬企業階梯跟攀岩不一樣。

攀岩要靠自己的體力，但在爬上資深經理山、協理山或副總山的路上，比真實能力更重要的軟實力，絕對是看懂老闆，搞清楚遊戲規則，在真正要緊的事情上刷存在感。

當你愈有企圖心，愈得經常替自己的腦子更換晶片。想要往上爬，你就不該問如何把事情做對做好這種天真的問題。你該問自己如何搶到對的時機，並且攬到對的任務。

換句話說，在攀爬企業階梯、展現企圖心的這條路上，你不需要在意自己的真實體能，你只需要搞清楚絕對的捷徑，這樣在未來搶功勞、刷存在感或推卸責任時，可以達到最高效能。

屏東萬巒朱小姐，我聽到你舉手發問了。

你說，阿發，萬一我沒有想往上爬，我是否註定一世人撿角？我是否註定永遠被人看不起？我難道不能當個沒有企圖心，但有用的人嗎？這也是人資前輩這席隨口閒聊給我的反思。我在想，這個社會給我們挺多的制約跟教化，我們碰到新朋友總是會問，你是在做什麼的？**工作，就是我們的自我認同，職銜，就是自尊的外在展現。**

如果社群是我們的個人伸展台，社畜走台步秀自我的方式，包括發文抱怨並炫耀著自己經常加班是個重要人物，公司又派你去哪個國外城市出差，喔喔還有，最近名片跟信用卡一樣又被升等……但很少社畜秀自我的方式，是在社群上寫著：

「我對同事、長官、實習生講話的態度都一樣。」

「我不認同老闆的決定，但我還是盡力完成了任務。」

「我今天花了十分鐘幫隔壁部門的同事想解決方法，雖然這件事跟我個人的KPI無關。」

這些聽起來，只是在述說著你有內在美，你有責任感，但你聽起來依然沒有企圖心，依然容易被上級主管誤認為是個只求小確幸、平和存在的魯蛇。

曾經有位同事跟我說，如果有人調侃她沒有企圖心，她總是雙手一攤地說，對啊，**我沒有企圖心，但我有責任感**。

她做事總是俐落，總是能突破框架想事情，又樂於給同事積極有建設性的回饋，但她有清晰的個人處世和工作原則，比如她不願意為了讓主管開心，凡事只說YES、OK、No Problem。她很清楚成熟工作者的權利義務，該下班就下班，該拒絕就拒絕。她不去演討好的戲碼，但也不逃避責任，該做好的任務、該追趕的截止日期，她總是不囉嗦地完成。當我在抱怨主管或公司的方針愚蠢時，她已經快手快腳做好被交辦的任務，並且平心靜氣。

仔細想想，**有責任感的人其實是活在當下的人**。

負責任地做好份內事和今日事，「今日事今日畢」，聽起來像是極為八股的行為指南，但活在當下就是有效治療焦慮的方法。如果沒有責任感，只有企圖心，只巴望著「以後」要爬到哪個高度，成天把珍貴的精氣神拿來盤算，用假動作敷衍眼下該捲起袖子處理的事情，把多數心力拿來盤算「虛」的高遠未來，這算是企圖心嗎？

如果你是我老闆，不小心讀到這裡以為阿發看輕企圖心這件事，果然是個扶不起的阿斗，正打算把阿發從明年要晉升副總的名單上拿下來，我請你等一下（死抱老闆大腿貌）……

我並不看輕企圖心。我認為每個人都會有企圖心，企圖心代表著我們對生命還有憧憬，還有渴望。只是每個人企圖在生命中的不同領域盛開，而企圖心也可以跟責任感同時存在。

但當我們不小心跟著社會的集體意識，給了職銜所代表的傳統企圖心加權分數，我們便會不小心把企圖心看得比責任感還要重要。

於是，我們歌功頌德那些努力經營外在頭銜的人，我們忽略了平日把事情做好，善待他人的這群普通人。我們挑事處理，挑人做人，也因為這樣的集體意識，放眼望去，職場上充斥了一堆企圖心一百分，能力二十分的無能主管。

怪誰呢？要怪，就怪那些有責任感卻沒有企圖心的蜉蝣生物好了！

你想當企圖心一百分的無能主管，還是只有責任感的蜉蝣生物？

當個有本事的角落生物

「我不挑工作，我什麼都做的！」朵拉睜大著眼睛，瞳孔內有驚嘆號，彷彿在為她的聲明拍胸脯背書，她說的是真的，不是好聽話。

從外勤業務端到內勤專案管理，朵拉已經換過很多頂頭上司。組織異動的過程中，績效欠佳的邊緣人，或是派系色彩明顯的人，很容易成為炮灰。朵拉總是屹立不搖，她對命運的安排沒有太多意見，換單位就換單位，被整併就被整併，職務範疇調整就調整，不熟悉的業務就當作是新學習。

有些人的認命，是因為覺得沒有選擇。

朵拉的認命，是因為資深還有想得透徹。

她太清楚自己要什麼。三十天的假，等於每年兩次的國外旅遊。穩定優渥的薪水，可以給家中毛孩源源不絕的鮮食罐罐和貓草零嘴。趕快把事情做好，六點準時下班，人生只有三分之一的時間可以浪費給工作。

朵拉的工作觀非常清楚，工作就是拿來賺錢換生活品質的，不求做大事，也不求當大官。她理解組織內的人喜歡講八卦，但她謹守分際，任何八卦到了她身上，就彷彿掉進了樹洞。傳話跟造謠都要浪費力氣，不不不（搖食指），朵拉不浪費生命。

朵拉保護生命的方式，還包括在自己的辦公區域拉起隱形的界線。朵拉工作時非常高效，寫信給她，只要跟她的業務有關，她會立刻秒回。但如果你要她去幫忙打聽或詢問非她直屬業務的事情，她會清楚告訴你，這不是我主責的，我怕回答錯誤誤導了你，但我可以幫你轉接或留話給負責的同仁。

界線和邏輯清楚，不甘她的事情絕不自以為是地攬上身。老闆交代的任務使命必達，但也不要為了邀功或展現自己的超能力，撈過界扛額外的責任。

古人說不愚孝，朵拉的認命也不是愚忠。她太聰明，為了自己的生活目標謹守分際，不逾矩，不求表現，但又因為腦子好效率佳，老闆火眼金睛看得出她是人才，一邊培養朵拉，一邊看不下去地碎念「妳喔，真是角落生物！」

當角落生物沒有不好。有天，我在茶水間碰到朵拉，朵拉的樹洞磁場有神奇魔力，我竟然劈哩啪啦地跟朵拉聊起最近我又被哪些同事跟哪些主管氣到。

樹洞朵拉和藹地聽完我的抱怨，平心靜氣地跟我說，不要生氣，就當作人性觀察，公司付你薪水觀察這些生物，不是挺好的嗎？嗯嗯，我一邊點頭，一邊說下次我被氣到時，我一定要翻開薪資存摺，用薪水擦去我的淚水。「親愛的，妳不用翻存摺，妳打開APP就可以。」樹洞朵拉轉身離開前，笑著告訴我，我可以更高明一點。

務實的金牛座，認命的OL，我得追上朵拉的心理素質。不要再嫌棄NG老闆、主管和同事了。他們，當是你珍貴的家人。家人沒有錯，錯的是我們尚未累積足夠的福報（財力&實力），讓自己隨時都有拋棄現在的家庭，奔向新家庭的選擇權。

老闆，除了你，我可以偷偷愛別人嗎？

感情中，劈腿是令人髮指的。就算我們都知道，很多時候，劈腿外遇，只是真愛來得太晚，萬般皆是命半點不由人的結局。感情遇到背叛的時候，正宮會把怒氣跟矛頭戳向小三，怨嘆自己多年來為另一半盡心盡力付出，給吃陪睡養小孩顧長輩，現在呢?!另一半把壞臉色跟壞習慣都留給了自己，卻把溫柔、好口氣跟好身材都給了外面的小三（或小王），自己何苦?!（京劇甩頭）

如果要用對錯跟社會觀感來審視，感情出問題，外遇了，壞傢伙一定都是介入的那方。但，真的是這樣嗎？如果我們更誠實地問自己，早在小三出現前，在關係中的兩人，是否已經開始有了狀態變化？比如你發現你要的，對方不想配合，或你老在勉強自己去配合對方？比如跟對方在一起，只剩下陪伴義務和

to-do list，反而跟別人晃在一起或自己獨處時，感到更快樂、更自在？

關係中時不時出現疲態，是正常狀態。

剛認識一個人，為對方著迷時，雙方總是處於互相好奇，樂於陪伴探索，樂於為了對方「裝」一下的狀態。在一起後，「你該懂我吧」這樣的假設默契，加上日常生活的擠壓，我們把珍貴的注意力跟精力挪去取悅或經營生活中的其他面向，感情變成一片先乾掉、後發霉的吐司。

直到小三出現，我們突然發現，自己還會被一個人吸引，還會心動，還會想為了一個人打扮自己努力健身，開始幻想自己和小三可以到處吃喝玩樂，開始感覺自己是活著的……

感覺自己是活著的，不是很好嗎？小三只是一個觸發媒介，讓感情出軌的原因，始終是一個人的內在狀態。感覺枯萎的人，想追逐著希望，就算那個希望只是曇花一現、海市蜃樓。

我個人認為，出軌不該被當成罪惡。出軌，是一個徵兆，這個徵兆說著你對現在的生活不滿意，說著你感覺枯萎，說著你想要出口，說著你渴望著更多。如果你對自己的狀態夠敏感，在你被人撩，全身上下慾火焚身的時候，你就可能有機會問問自己，我怎麼了？我一定要跟人家怎麼樣嗎？還是我只是在感情中疲憊了，沒新鮮感了？還有救嗎？

工作中的我們，經常在出軌或離婚邊界。

當你開完某個會議，被你的主管或老闆氣得半死，回到桌上，你忍不住打開人力銀行或 LinkedIn 頁面，物色新出路、新對象。**適度的精神出軌，比定期服用維他命B群更能強健上班族的身心和體魄。**

站在資方以及老闆的角度（也就是正宮思維），多數老闆都希望員工盡心盡力、任勞任怨投入在自己的本職。本職的核心技能發展好了，你才有機會線性往上，從專員變主任變科長變副理變經理變協理變副總變 CEO……

但我觀察職場中的強者，往上爬的路徑並非總是一直線。如果你跟公司裡的高階主管或你景仰的大咖攀談，聊聊他們的過往養成經歷，你會發現就算有些人的工作資歷看似很專一，只換過兩、三間公司，但他們會在不同的部門或職務移動，像螃蟹一樣，側著爬，且一路往前。

你可以想像這些人的職涯爬行軌跡，是Z字形路徑。培養專業的路上需要累積與耕耘，但要往上走出更大的格局，就要往不同職能拓展。不同部門的歷練，也可以視為組織裡的斜槓。

近年來，有人批評「斜槓」思維，讓很多上班族不務正業，吃碗內看碗外，核心技能還沒發展好，還沒養出一個別人非要不可的強項技能，就像八爪章魚一樣，滿腦子思考搞副業和被動收入。

如果你懷有創業夢，或想建立多元收入管道，業外斜槓是一個出口。但如果你只是厭倦一成不變的工作內容或環境，那麼跳槽換工作不一定是解救你厭世病的最佳藥方。就像在婚姻中感到乏味和疲倦的伴侶們，貿然離婚是下下策。還有心在一起的話，可以試試不同的方式和對方「重新練習相處」。

對厭世疲倦的上班族來說，在組織內尋求內部斜槓的機會，主動舉手參與跨部門專案，或主動舉手認養讓你心動的工作內容，這就是最好的精神出軌。為一成不變的日常增添新挑戰。

職場精神出軌，啊不，是組織內職能斜槓，好處非常多。

．好處一：當作精神調劑

許多腦神經科學研究指出，從事熟悉的事物，每天反覆，已經在大腦留下自動化、不假思索的路徑。當你面對新挑戰，大腦得重新尋找解決方案，原有的路徑行不通，腦子就得動起來找連結、找路徑、找解決方案，這不就是活化大腦的好方法嗎？

．好處二：探索自我潛能

每份工作，每項任務，都是照妖鏡。透過組織內斜槓，處理不同的專案、應對不一樣的夥伴，需要你啟動不同的內建能耐。你可能會發現自己善於發想規劃，但疏於執行追蹤（也就是喜歡挖坑但不填坑），你可能在過程中發現自己擅長與人連結，或你可能意識到自己在某些情境下特別容易感到緊張焦慮……透過一個又一個的經驗，你會更加認識自己。

・好處三：拓展多元人脈

我不知道是不是只有我這樣想，職場中，老是跟你的好同事，或那一小搓同部門的同事往來，只是不斷鞏固人脈中的強連結和同溫層，對於拓展人脈圈或觀點，並沒有幫助。透過組織內斜槓，認識原本沒機會接觸的同事，除了有助於建立弱連結人脈，也是走出同溫層的方式。

職場精神出軌、組織內職能斜槓，有助於恢復你疲乏的心。這就像你準備丟掉一盆枯萎的盆栽，旁邊有人大喊千萬不要，然後幫這個盆栽澆水、曬太陽，不久後盆栽活回來了，還長得挺好的。

如果你懷疑自己正在枯萎，不一定要丟掉自己，全部打掉重來。你可以試著幫自己澆水、想辦法增加新意。

搜尋引擎老大 Google 認真看待「創新」，但 Google 不是喊喊口號，而是真的想辦法在工程師的日常增加創新的機會。Google 明確規定，每位工程師應該用二十%的工作時間，自主開發跟公司有關，不是上級指派，而且是自己有興趣的內容。據說 Google 有將近一半的產品，都來自這二十%的自由時間的貢獻。

我曾經在我一成不變的工作崗位上，感覺枯萎，覺得生活了無新意，行屍走肉……厭世的時間維持了好長一陣子，長到我開始懷疑自己可能已經就地風乾成稻草人，每天有體無魂地打卡 in、打卡 out。

那陣子我在鑽研手機拍片。某天，同事說她正在負責安排國外長官來訪的一些互動橋段，「不然阿發啊，你來幫我們現場做活動花絮紀錄，活動一結束，立刻有個小短片出來，這樣應該挺好玩的，你覺得呢？」當然好啊，我眼睛一亮，立刻答應。接下新鮮挑戰的快感褪去後，腦子立刻跑出一堆務實且具體的問題，像是：

「啊，要用什麼軟體剪接啊？」

「拍動態還是靜態？」

「金害，要怎麼呈現現場感？」

「死定了，我超不會構圖啊！」

（以下省略其他五十個跑過腦中的問題）

技術性問題跟心態問題都有，但任務在前，也沒時間瞻前顧後了，我趕緊諮詢了身邊的攝影師好友該怎麼拍、拍什麼。攝影師傳授，阿發你多抓近照，人物有表情、有互動時，捕捉起來最精采。

我只有一台手機怎麼辦？沒關係，趕快找同事組成攝影支援組，A負責錄影，B負責拍照片，拍完後立刻把照片丟到共同群組。影片架構就用上課時學到的方法來事先規劃。心裡頭先盤點一下資源，寫下大綱，設想要捕捉哪些畫面，要傳遞什麼氛圍跟訊息，活動流程裡有哪些亮點適合拍攝……

就這樣，因為同事發想帶來的挑戰機會，加上我的意願，最後成功被落實了。這個影片成功之後，接下來只要有什麼大小拍片任務，大家就會想到我。

我自己也想在拍片的實務流程有更多的學習跟精進，所以就算沒有人教我怎麼做，我也樂得接下任務，一邊摸索一邊學習，最後從玩票性質的個人手機拍片，到統籌攝影團隊拍攝品牌端的形象影片，從部門內的任務，到跨部門的團隊任務，用影音說故事這個小樂趣，一路引導我有更多的學習，更多的自我發現。

當工作中有了樂趣跟新挑戰，就沒時間厭世了。某個程度來說，我因為在組織內有了 side projects，跨部門的支援和專案就像小小的精神出軌，替自己找回了元氣和樂趣，平衡了在原有部門或核心職務中的疲憊和乏力。

當你厭倦了一成不變，除了張大眼睛看看組織內有沒有你可以當成「小菜任務 side projects」的機會，另一個方法，就是務必別讓工作成為你人生的唯一重心。降低厭世和討厭工作的風險，就是把你的人生當成多元投資組合，別將你寶貴的精力全重壓在工作上。你的注意力、創意、興趣是珍貴的資源，拿一些來經營工作以外的生活面向吧。

這樣做，是有好處的。工作中，我認識很多 EQ 好的同事，不把工作時碰到的鳥人鳥事往心裡去，不太花時間抱怨或嚼舌根。任務出錯了，就趕快解決，老闆交代的蠢任務，只要是下班時間內交辦，也是快手快腳俐落地解決。

我觀察這些豁達同事在工作之餘，都有豐富的精神生活。下班之餘，他們可能是某個讀書會的創辦人，可能在跳現代舞，熱衷挑戰三鐵，或經營自己的副業，替某些倡議團體發聲，或單純享受和家人一起吃美食和追劇的生活。

他們的成就感和自我認同，無須單押在辦公室裡的這份正職工作上。他們高效高 EQ，只是看穿了人生中有比工作更重要、更值得經營的目標，不把精氣神浪費在無謂的對抗或糾結，所以他們很認命，上班處理該處理的待辦事項，笑看無能為力的際遇，節省寶貴的心力，只為了準時下班，去過自己想過的生活。

正因為在工作之餘，找到了樂趣，所以這些人更平衡、更正面、更高效。相較於那些把工作當唯一的成就感或認可來源的人，這些人是更有趣、更灑脫的存在，工作不是唯一，就不需要被工作綁架。

我認識一位前輩，她全心全意投入工作，單身的她，生活除了工作以及家中的貓，沒有其他興趣。輪到她休假的時候，她經常耐不住無聊，又跑回辦公室一邊看報紙，一邊對著報紙上頭的內容做評論。休假卻在公司消磨，很多同事都開玩笑地跟這位前輩說 get a life，別窩辦公室了，去外面找找樂子！

請別誤會我，我並不試圖說服所有人不要當工作狂，要當個興趣廣泛的人。每個人都可以選擇自己渴望的生活型態，只要你的選擇符合你的價值觀。

剛出職場的那幾年，我經常閱讀商周雜誌或各大媒體吹捧的那些成功人士或創業家的故事。我發現這些人目標堅定，辛苦打拼，工作狂般地建立了他們的事業版圖或影響力。這些成功的樣板故事，歌頌這些成功人士的熱情、專注和義無反顧。

我愈看這些故事，愈懷疑自己。人要怎麼「趁早」確立自己的遠定目標？如何「趁年輕」選對奮鬥的目標和有前景的產業？如何確保我接下來三年、五年的吃苦耐勞、專心認命，會帶給我「確定」的報酬？像是薪資，職銜，還有我以為的成就感？

千萬別被這些故事騙了，那是他們，不是你或我。也許這些故事誤導了我們，讓我們以為一定要「單押」，必須想方設法找到人生中「唯一」的熱情，或選擇一個有前景的產業，不顧一切地投入，才能發光發熱或功成名就。

但人生不是直線路徑。如果單押和專注是唯一的成功方式，那為什麼隨著我資歷愈深，認識愈多各行各業的職人，那些曾經是科技人、新聞人或金融人，後來卻跨很大，轉換到截然不同的領域，並且喜歡著自己的工作和生活，他們的成功，又要怎麼解釋呢？

我愈觀察自己，對自己愈誠實，就愈清楚我不能用商周雜誌那些成功樣板人物的「一生只做好一件事」的專一精神，來鞭打自己。

我喜歡多元發展自己，喜歡劈腿，喜歡自己有多種身分。比如我喜歡瑜珈、內觀、NLP和催眠，這些領域的學習讓我更了解人的心智和注意力的運作。我也喜歡當個寫作的人，文字是我用來認識自己，以及和這個世界交朋友的方式。我也喜歡自己在新聞界、教育界、金融界的每段工作經驗，是這些不同且多元的身份和經驗，積累沉澱出更豐富的我，而我在每份工作上的創意和觀點，也都受益於我過往的眼界和經歷。

職場如情場。長壽的世界，當每個人活到一百歲的機率變得很高，和同一個人廝守到終身，將是讓人難以想像的。同樣的概念，運用到職場，也是如此。

二〇一六年，倫敦商學院兩位教授，琳達葛瑞騰（Lynda Gratton）和安德魯史考特（Andrew Scott）合寫了《100歲的人生戰略》，這本書在當年入圍了金融時報和麥肯錫年度商業選書。兩位作者用心理學和經濟學的觀點，提出了當長壽對人類將帶來的衝擊。過往求學、工作、退休的人生妥當三階段，可能已經不適用。未來，我們每個人會愈晚退休，也無法靠一份專業技能，當專業米蟲一輩子。隨著科技演化，每個人都可能面臨在職場中打掉重練，重新學習新技能，重新挑戰陌生的任務。

我想像在那樣的世界，擁有斜槓精神的人吃得開。過度專精，反而會讓人陷入狹隘的風險。同時我也認為，老闆如果夠開明的話，應該鼓勵員工在工作內或工作外創造豐富、多元的經驗。很多老闆其實忽略了，員工如果快樂平衡，自然就不需要拖延逃避工作任務，也不需要花時間罵老闆跟同事，產能效率自然提高。

快樂的投報率很高，我是這樣相信的。

關於工作倦怠，
你需要的不是轟轟烈烈的新戀情，
而是短暫的精神出軌。

CHAPTER

第 四 章

會打怪，
不代表你得死守在怪獸身邊

你有早發性懷才不遇嗎？

我知道接下來我要講的，可能會讓你們誤以為這是一種媳婦熬成婆，資深上班族已所不欲卻到處施於人的歪理，但我真心鼓勵各位有為青年，特別是剛出職場，或剛換新工作、對手邊事務還不熟悉的大家，不要急著做大事，要先耐著性子做小事。

身為職場專業細漢，一開始做小事，都是命定。帶著這樣的理解，以及把小事處理好的決心，你才能順遂地發展成資深上班族，那時候的你會恍然大悟，感謝年輕時有認命，現在的你，已經可以完成更多的瑣事或例行任務，可以承擔更多荒唐的上級指令。

年輕時候，不排斥做小事，甚至做得通透有效率，想想看，當你資深時，你是不是就會成為「小事高手」？怎麼省時間、怎麼敷衍、怎麼挑對的事情做，這些大哉問，唯有靠著你耐心累積處理小事的經驗，才能累積成豁達大智慧。

一陣子我愛看日劇「校對女王」，女星石原里美飾演的女主角，夢想成為紅牌時尚雜誌編輯，她也順利被知名時尚雜誌錄取了，但她沒有進入編輯部，而是被丟到冷門的校閱部，為了有機會靠近時尚編輯的工作，女主角甘願做著很重要、卻毫不起眼的校對工作。

我跟在出版社工作的朋友聊起這部日劇，朋友挑眉撇嘴，說這畢竟是戲劇經典的逆轉勝情節，女主角有耐心把校對這件重要的小事做好做滿，真實情況卻是大家都想跳過校閱，直接保送光鮮亮麗的編輯，最好連助理都不當，直接從儲蓄幹部當起，保證一年後當總編輯。

他說出版社最近來了一位新鮮人，校園畢業後直送職場的這種新鮮等級。試用期三個月還沒到，新人已經深刻感受到懷才不遇，逢人就抱怨「大家好像都把我當傳聲筒」。

「不然捏!?阿發你告訴我，一個才來三個月的新人，不好好做小事、當總機，難道已經可以開始當編輯了嗎？我甚至還沒叫他去盤點倉庫文件呢。」

這不是單一特例，朋友繼續講古，說更早之前，還有另一位新人，也沒能撐過職場百日就離開了。離職理由是，出版社的工作跟電視戲劇裡的情境不太一樣，比較無聊。

 # 早發性的懷才不遇

 # 等於自我感覺旺盛

 # 至少離職的理由很誠實

寫到這裡，我又被記憶時光機帶回了當年在電視台工作的日子。我當菜鳥寫稿子時，資深同事一個比一個聰明俐落，當班的召集人審稿子時，第一次發現我有錯字會溫和地提醒，第二次會眉頭一皺，第三次什麼都不說，退件要你從頭檢查起。菜鳥的我，每次出包時都很緊張，會在心頭碎念自己「怎麼這種基本功都做不好」。現在回頭一想，當時我竟然沒有霸氣抗議，錯字算什麼？你們沒有看到我寫稿子的才華嗎？

還好我沒有展現無知。比我會寫稿子且沒有錯字的人，多的是。

等我慢慢從菜鳥，變壯年鳥，我開始目睹審稿的召集人，對著不同新人的稿件噴氣。一位日文新聞編譯，日文不是問題，中文卻讓人充滿問號。有天我聽到召集人拉高聲音，聲音裡壓抑著火大，問這位日文編譯「複數漁船」是什麼意思？這位新人非常淡定，用樂於幫召集人增廣見聞的樂觀態度回答，複數漁船就是許多艘漁船。

「那你為什麼不能寫好幾艘漁船、許多艘漁船、很多漁船？」召集人反問新人，電視新聞講求口語化，況且複數漁船聽起來非常不中文，為什麼不能用正常的口語去表達？

經常有這樣的「複數」菜鳥，搞不清楚狀況被糾正。儘管他們總是嗯嗯搭配點頭，溫和謙卑貌，承擔資深同事跟主管的批評指教，但日後卻重複犯同樣的低階錯誤。日子一久，有重大新聞稿要發稿時，召集人會知道某些稿子不能丟給這些連小事都做不到的編譯，於是，重大的任務會丟到其他靠譜的同事身上，這些已經成功建立「我連小事都做不好」的複數人口，就會接到輕鬆的生活類型稿件，笑呵呵地寫完，開始上網逛賣場看社群網站，或像花蝴蝶般四處和同事八卦打交道。

看到這裡，是不是覺得當個沒企圖心、小事都做不好的上班族，其實很爽呢？因為重要的差事都會分配到其他苦主身上。但很多時後，那些你不在乎的基本功，那些你看不起的瑣事，或行政庶務，其實考驗的不是你的能力，而是你如何創造信任資產，**信任資產就是你的個人品牌**。

你寫出去的稿子總是讓人吐血，好處是重要到不能搞砸的稿子，不會到你身上，壞處是，拿不到重要的稿子，沒辦法完成重大任務，沒辦法成就解鎖，你就無法得到更重要的機會。無法拿到重要的機會，你連做大事的機會都沒有，你只能盡快習慣平凡小人物的生活。就算哪天你走了狗屎運，重要的任務掉在你身上，你也會因為平常沒有培養起基本功和處理小事的能力，只能花更多冤枉時間來來回回。

我認識一位前輩，大學時他到一間國際印刷機供應商的台灣辦公室打工，打工仔就是幫人做文件，做沒人要做的事情。他吃飽閒著沒事，觀察很多人操作印刷機時，經常會出現一些故障問題，他拿著操作手冊對照了一下，整理出一個操作 SOP 指南，送給了辦公室的小主管。

他的雞婆，發揮了價值。辦公室主管注意到這個小夥子特別用心，可能是可造之材，於是開始丟一些原文操作文件給他研究，教他更多關於這間企業的大小事。前輩畢業後，直接進入這間公司從業務做起，在很短的時間內成為這間公司最年輕的主管，後來一路被提拔和換跑道的際遇，我就不說了。

這並不是商周上的大人物故事，而是我身邊朋友的真實故事。我相信這位前輩當年研究操作手冊，鑽研如何幫大家快速排除操作障礙時，心裡想的並不是「我要做大事，我要成為這間公司的大人物」。他純粹是在不起眼的小事中，找到了他好奇、有趣的施力點，因此發揮了他的價值和潛力。

總而言之，不排斥做小事，絕對是值得你我培養、進可攻退可守的美德。了解你我都只是一顆螺絲釘，趁早習慣做小事和做瑣事，如此一來你對職場人生不會抱著一步登天、麻雀變鳳凰的錯誤期待，就算一輩子庸碌，至少，你很擅長做庸碌的事。

萬一，你剛好在庸庸碌碌中找到了樂趣，請務必用你的熱情投入、去延伸。當你這樣做，工作因此有了樂趣，有了意義。也或者你會像我朋友一樣，把小事做好，於是一路成就了大事，那就是天公伯要送你的禮物，千萬要把握。

 # 工作就是大事裹著小事

 # 就像大腸包著小腸

 # 樂趣是花生粉跟香菜

先成為稱職的小螺絲釘，再來談遠大抱負。

工作就像擇偶，離婚好過沒好好愛過

不管你正在找第一份工作，或是你正在考慮換你的第N份工作，找工作就像找愛人。年輕的時候，只要賀爾蒙夠豐沛，對上眼、聊開了，通常就是一段戀情的開始。年輕時談戀愛，經常不問是否鬼遮眼，是否門當戶對，交往只是為了累積經驗，證明自己有人要，或單純只想有人愛、有人陪。

年輕時談感情，如果太快想定下來，跟另一半互許終身，身邊總是有多雞婆人士試圖勸退你。有虛長你幾歲的學長姊，或大你幾輪生肖的親友團，他們用過來人 I've seen it all 的姿態以及意味深長的滄桑語調，勸你想清楚。

「還年輕啊，多交往幾個看看啊。」如果你真的聽話了，我們可以一起模擬幾個下場。

・下場一：

聽話的你，拋棄掉現在的對象，繼續在情海中尋尋覓覓，一個對象換過一個。後來，你也找到了一個跟自己還算合得來的對象結婚生子，日子過得平穩順遂。

直到有天，你參加了該死的同學會，發現當初那位「無緣ㄟ」，體態保持得真好，事業有成，比年輕時更讓人心癢。那天回到家，你看著躺在沙發上挺著肚子打手遊的老公，或是理智線斷掉正在罵孩子的老婆，你突然懷疑起自己的人生。夜深人靜時，你沒有呼呼大睡，你翻來又覆去，開始腦補，如果當年選擇不離開，繼續跟「無緣ㄟ」那位在一起，現在的你，會過得更好嗎？

・下場二：

你跟另一半分手。雖然對方沒有不良嗜好，方方面面、個性連同長相都很工整，但你喜歡新鮮感，兩人相處久了有點無味。分手後，你就像魚兒奔向大海，命運帶你在情海裡衝浪，你談了幾段刻骨銘心的戀情，有時激烈爭吵後分手，有時是被拋棄。一段又一段的感情，總是充滿新鮮感的開始，狂熱的發展，最後又疲倦地結束。步入中年後，你依然單身，你開始有「萬般皆是命、半點不由人」的感慨。你忍不住擔心，歲月流逝年華老去，今日的黃金單身，明日的孤獨老人。

然後，該死的同學會又來了。你見到了當年被你拋棄，工工整整，生平無大志只求穩定的那個無緣人。對方也早有了另一半，兩人看起來一樣普通，但互動起來充滿默契，怎麼說呢，就是一種平實的幸福感。那天你回家，翻來覆去睡不著。你忍不住腦補，如果當年你安於平淡，跟著那位「乖乖的」繼續走下去，現在的你是否也可以擁有這種接地氣的幸福，不用承受情海激情闖蕩帶來的風險跟痛苦？

不管下場一或下場二，有太多的夜深人靜，我們會看著另一半，忍不住問自己，這是我要的生活嗎？我還要靈肉分離多久？這輩子我只能這樣嗎？

選工作就像點套餐，你必須概括承受

中年後，選工作和談感情一樣，包袱變重了。因為你開始理解，每個選擇，都有相對應的結果要承擔。

就像在廣告產業，速度快老闆火爆客戶刁蠻是常態，但換來的是你每天開眼界，每天都有新挑戰和新學習。當你覺得生活卑賤，每天像個棋子被移來弄去，請先別抱怨。

你應該打開ＩＧ，看看你平常的動態和打卡，活動花絮、名人派對、出差奔走、貴三三的套裝……你應該安慰自己，那些在傳產業工作的同學們，根本無法拿出這種華麗生活來炫耀啊。你用過勞，撐起了華麗。這是你的選擇。

如果，你在傳產業或金融業工作，老闆的喜好和金管會的法令，就是聖旨。為了配合這些保守的框架，你的美感創意和主張個性必須完全讓路閃一邊。當你覺得自己窩囊或懷才不遇時，請你先暫停自怨自艾。

你該去把存摺翻出來，看看你的年終，硬是比其他產業多出了幾個月。你少了個性，多了年終。而那些在公關業打滾的同學們，賺到了世面，肯定也少了你大把大把的閒適。你選擇用無聊，架起了穩定。

工作的兩難，都來自想不清楚

很多人都說自己有選擇障礙。假如，你覺得錢不是問題，你寧可用錢換新鮮空氣，少拿一點年終，願意加班隨時 on call，只為了替自己累積新技能，見見世面，同時累積人脈。**你想清楚了，也願意付出代價，你就可以換工作了。**

就像當年你甩了另一半，勇敢奔向另一個人的懷抱一樣。但當你做出選擇，成功換了一個讓你怦然心動，充滿期待的工作，工作一陣子後，你覺得工作內容真的很險惡吶，很折磨人吶，這時你千萬不能開始蘋果比橘子。你不能抱怨以前工作準時下班、錢又多，現在一天平均工時十四小時，錢也沒比較多……不不不，你忘了當初是你要分手的嗎？你忘了你當初就是受不了無聊，所以甘願用錢和穩定，來交換一個新鮮刺激、充滿可能性的跳板嗎？

每個選擇，都有相對應的承擔

很多時候，我們抱怨工作，是因為我們早已忘了當初自己選擇這份工作的原因。一位我很欣賞的同事曾經跟我分享，她總是用以下這兩個問題，幫助自己釐清工作的去或留：

1. 遞出履歷表求職前，她會問自己——**我為什麼想找這份工作？**（比如為了更好的薪水？為了學習新的技能？想換個產業？）
2. 進入一份工作後，她也會不時問自己——**我為什麼還留在這裡？**（比如同事和睦工作環境愉快？喜歡主管的領導風格？手邊的專案還有很多好學的？）

想清楚，治百病。選擇工作之所以讓人猶豫害怕和迷惘，通常是因為我們搞不清楚自己最在意的是什麼，同時要為了你的在意做出哪些階段性取捨。你說，不啊，阿發，小孩才做選擇，我是大人，我什麼都要。我想要我的工作錢多事少離家近，我想要我的工作有熱情有意義又有錢。

這是個理想狀態沒錯。時代熱潮也漸漸將我們推向斜槓、個人品牌、一人公司的趨勢。網路上不少教人創業和建立個人品牌的課程，打出的口號無疑就是每個人都值得擁有「有熱情、有意義、有錢賺」的完美工作。

這是一個超理想狀態，卻也可能誘導我們落入一種 all or nothing 的表面思維，讓你我癡心妄想一定有一個可以立刻滿足有熱情、有意義、有錢賺這三個條件的完美工作。我們因此尋尋覓覓，嫌棄抱怨現在的工作，然後又感嘆找不到「三有」的完美工作。

我經常在一些個人品牌社團裡，看到許多快要完成學業，還沒出社會的年輕人，充滿抱負地說自己不想當朝九晚五上班族，不想坐辦公室，想當遠距工作者，所以想來建立個人品牌。但問題又來了，他們不知道自己喜歡什麼，不知道自己要往哪個方向發展，他們充滿焦慮，不知道答案，也沒有耐心去摸索出屬於自己的答案。於是他們到處上課，或向已經做出成績的前輩楷模求解答，只差沒有投幣擲筊抽籤詩。

迷惘，不是年輕人專屬的。很多中年人，也很迷惘。中年人不論談情說愛或找工作，包袱更多了。市面上也有一些課程訴求教導四十以上五十未滿的中年人，開創斜槓生活，避免有天被公司拋棄，成為尷尬的中年失業一族。

當然，每個人都是一個品牌，是一個產品，這些商業課程教導我們如何「變現」你的能力，慫恿我們逃離辦公室監獄，去外頭另一個桃花源另起爐灶。但我很殘忍，且小小聲地問，一個沒有方向，沒有興趣，不知道自己擅長什麼，或還沒做出什麼作品或成績的人，被丟到了桃花源後，人生就會瞬間大不同，有熱情，有意義，有錢賺，這三盞光明燈，就會自動打亮嗎？

我想，事情沒有那麼單純。

職涯的這條路上，人人都想要一盞明燈，一個公式，一個密技，指引我們通向離苦得樂的康莊大道。在資訊爆炸的時代，我們也很容易取得各種明燈，各種經過驗證有效的密技，但很多人，包括你我，依然還未離苦得樂。

我曾經是個一心想脫逃辦公室監獄，全心嚮往世外桃花源的這種有為青年。在我試圖越獄的過程中，發生各式各樣的狀況。在這個過程中，我開始理解，辦公室，也就是所謂的職場，是個大觀園，裡頭有太多可以學習或參透的東西。當上班族看似命苦，但其實也是最容易的一件事。

我認為，**如果現實人生像石磨輾壓我們，至少我們要能被萃取出精華**。每次的輾壓，都要讓我們成為更彈性、更自由的人。

沒有夢想、不知道熱情在哪的人，最適合在職場這座遊樂園裡玩耍。

闖蕩職場，遇到NG老闆，認賠停損也很重要

幾年前我結束一段工作，離開當時的老闆後，我告訴自己，我一定要終結自己過度客氣的毛病，我一定要練習建立自己在工作場上「難搞」的威望，不能再成為麻糬人，任人揉捏。

當年我因為上課進修的關係，認識了一位老師，因為彼此欣賞，加上對方也有拓展事業和培養團隊的想法，我就來到這位老師的公司上班。公司裡，除了我是外人，其他人都是親人關係。老闆說，希望我把大家當家人，一起努力。

 # 把公司當家人是暖心話

 # 你當真信了就會變謊話

在進入這間新創團隊前，我的前職都在人數很多的大企業裡上班。也許大家有這樣的印象，在大企業或外商上班，少了人情味，多了KPI壓力，但這樣的環境其實也有相對的優點。

也許人情味少了，但界線很分明，大家拿薪水做事，薪水不是直屬主管發的，就事論事且憑本事的空間多了，人情包袱少了。工作之餘你愛怎樣是你的事。可是當工作關係變成了「類家人」，界線就會變模糊。畢竟，你的同事老闆不會想干涉你的私生活或和工作無關的任何大小事，但你的家人會，甚至插手起來非常理所當然。

對內向者來說，近距離接觸會加速自我毀滅

加入這個團隊後，我試著讓自己成為「家人」。沒辦法，公司就那幾個人，工作、吃飯，幾乎什麼事情都是在大家的眼皮下。在大公司時，吃飯你可以選擇單獨進食，或每天變換不同的飯友。在小團隊，獨立行動代表不合群，每天放眼望去都是同樣那幾個人。當時我還不夠了解自己，不明白其實我很需要足

夠的心理距離。近距離雖然能快速創造親密和默契，對內向的人來說，也能快速增加腦內壓力，甚至導致關係的崩毀。

我曾經在部落格發表一篇文章，這篇文章被當時知名網路平台轉載，引發熱烈迴響，我因此獲邀演講。老闆知道後，非常介意我沒有事先徵詢他的同意。老闆不開心我演講沒有先告知，還順便批評指教我那篇走紅的文章根本是在罵人，還提醒我要專注，免得讓自己的才華像煙火一樣，只燦爛一次。

我因為老闆的這番批評指教，後來有好長一段時間，我不再更新我的部落格，我不想發表任何意見、抒發任何觀點。現在回想起來，當年我面對老闆不合理的批評指教，開始產生自我懷疑。溫良恭儉讓的我，檢討自己、壓抑自己，而不是客觀問自己這個殘酷的問題：我是不是碰上了利用權力霸凌我的壞人？

從師生關係變成上司下屬關係，是不容易的。

如果你替一位曾經是你口中「老師」的人工作，會產生一種潛意識，會自然而然覺得你很多經驗或洞察不如你的老闆，許多方方面面需要對方的調教跟指導。你也會下意識覺得自己要謙卑學習，就算你的老師或老闆的言行或行為，給你隱隱約約的不安、不確定或違和感，你可能不會先相信自己的直覺，你會先檢討自己，逼自己去信服你的老闆。至少，當時的我，是這樣做的。

如果職場的溝通氛圍讓你寧可把話吞下去，而不是吐出來，這並不健康。

溫良恭儉讓的內向者，碰上自己的老師、主管、老闆做了一些讓自己不舒服的事情，想要舉手說些什麼，抗議些什麼，又不想傷害關係，覺得有義務要幫對方保留顏面，抗議的話繞著彎著講，最後什麼都沒講。而那佔你便宜的權威對象，跟你互動幾次立刻就嗅出你是個骨子裡溫馴善良到底的羊咩咩，自然聽不到也看不到你扭扭捏捏的不舒服，反而更加理所當然，反過來咬你一口，吃乾抹淨，最後還對別人說是你自己送上門的。

我的老闆當時在寫書，他要我幫他貢獻書籍內容，說新書上架後會幫我掛上共同作者的名字。我還記得書籍即將完稿，有一天老闆用一種 by the way，有點為難、難以啟齒的態度，放慢語速跟我說，「發發啊，我們跟出版社討論過，出版社說，要讓一個人紅，不是掛她的名字就有用……我們會擔心，妳可能會有冒牌者效應，這是當初我們沒替妳設想到的，所以掛名這件事，妳再想一想好嗎？」

權威霸凌不是肉體的性騷擾，
但絕對是精神傷害。

平常，我算反應快，伶牙俐嘴。但我清楚記得那天的對話現場，當下我完全不知道該怎麼反應。就像坐公車時，突然被不知道哪兒冒出來的怪叔叔捏了屁股一把般的錯愕。我像電腦當機，腦子裡無限迴圈這樣的問題：「冒牌者效應，在說我嗎？我哪裡冒牌？這些話是什麼意思？」

我故作冷靜，壓抑心頭的不舒服，也沒有針對對方提到的冒牌者效應進行追問釐清，只就事論事貌地跟老闆討論有沒有什麼替代做法。老闆堆滿誠懇的表情，找了一些替代方案，說要不然讓妳寫篇序？不然放個協力編輯如何？

當然，這些都是虛無飄渺的討論。後來老闆的書上架了，裡頭完全沒有我的影子。知名的週刊幫老闆的書做了一篇介紹，老闆把連結都給負責行銷的我處理，我在 Line 裡頭說好棒喔，是出版社幫你們寫的書摘嗎？

幾天後，老闆又找了一個機會跟我探討，為什麼我用「你們」，而不是用「我們」的字眼？老闆擔心我的潛意識沒有把自己當成是公司的一份子，沒有把他們當家人。就是那一刻，我為我的溫和感到悲哀。這個我曾經信任、欣賞的人，竟然擔心我成為「冒牌者」，成為他們新書的一份子……那說好的家人呢？還是當老闆說「家人」時，指的是單方面的忠誠和付出？

我痛苦的不是那本書沒有掛我的名字，我痛苦的是，我竟然說不出自己的憤怒，連發火的力氣都沒有。更可怕的是，我還試圖說服我自己，我的老闆可能真的沒有太壞，我的不舒服可能是假的，他們其實真的是幫我著想……

人生路上碰到歪掉或壞掉的人，都是為了幫助你更有智慧。

後來，我離開了這位老闆。一陣子後，老闆寫信來，說他耳聞有人說我沒有遭到善待，他請對方不要再說下去，他知道我一定不是這樣的人，blah blah……收到信時我覺得很悶。一來，我都已經離開了，到底要怎樣。二來，這氣度也很荒唐。我不相信郭台銘如果輾轉聽到一位員工對他有抱怨，他會特地寫信給對方，捍衛自己完美的形象……

前老闆的來信，是一封客氣，但不帶善意的信。我已經完全不想跟對方有關係，所以回了一封禮貌的信，希望趕快結束這沒完沒了的業力。

「妳為什麼不約妳前老闆，還有那位去咬舌根的同學出來見面對質呢？」

有一天，我跟好朋友聊到這件事，他不解地看著我，問我為什麼要裝沒事、裝客氣？為什麼不跟前老闆說，是的，我也想知道誰去亂講話，讓我們約出來碰面？

「這樣做是要告訴妳前老闆，不要太過份。還有，難道妳不想知道是誰去咬耳朵嗎？要是我就很想知道，是哪個我信任的朋友去亂傳話。」

是的，我應該勇敢的站出來面對衝突，至少，我必須表明自己的立場。我不能再用客氣迂迴、話裡有話的方式面對衝突。我不能再讓居心不良的人把我的臉壓在地上磨擦（這是比喻，阿發的臉還是好的！）。

練習為自己負責，練習捍衛立場，主動溝通

後來的幾年，我努力練習，不讓自己凡事合理化。碰到不認同、不舒服的情境，在必要時必須勇敢發聲或舉手反對。

勇敢表達自己情緒和立場，還有一個好處。也許你的不爽委屈是腦補、是誤會，說出來，讓對方有公平面對、解釋或修補的機會。

你問，萬一對方更變本加厲呢？

那也很好，不是嗎？證明你跟錯人或愛錯人，讓自己早點心死，早點展開下一段關係。股市投資的必勝心法是資金配置和懂得停損認賠，當你遇到NG老闆或公司，磨合了一陣子還是無法走上正軌，心情或薪資帳戶都呈現頹喪狀態時，你也許糾結著該繼續認命奮鬥出一條血路，或是乾脆離開另覓路徑。

糾結是正常的，但就為自己設一條「死線」吧。這條死線可以是時間上的deadline，比如我再給這個工作一年的機會，我再全力奮鬥一年，如果還是沒有達成我想要的成果，職場人際關係還是沒有改善，我會離開。

這條死線，也可能是心理上那條「我受夠了」的底線。白話文來說，就是

壓垮你的最後一根稻草，讓你發自內心覺得，真的不能再這樣下去了，該起身離開或勇敢改變了。

人生路上碰到歪掉或壞掉的人，都是為了幫助你成為更有智慧的人。

離不開壞老闆是因為鬼遮眼

我認識一位苦命朋友，讓我們姑且稱呼他為「阿信」。阿信在錢多多的外商投信圈打滾多年。投信圈是這樣的，出賣你的靈魂，你可以拿到很多錢。有了錢以後，你可以買很多東西，來安慰被現實生活強暴、傷痕累累的靈魂。

表面看來，苦命阿信日子過得很不錯。一套客製化西裝幾萬塊，可以不糾結是否要等到百貨公司周年慶再來買，阿莎力掏卡結帳。跟老婆的結婚紀念日快到了，貼心的他買對錶送老婆。喔，我們這裡說的不是 Swatch，是名錶，一支十多萬的那種。

阿信有個女魔頭老闆，五十歲初頭剛好是更年期風雨欲來的階段。女魔頭老闆在業界名聲響亮，大家都說她是個瘋子，情緒管理有問題，但神奇的是，

想在職場階梯上往上爬，誠實正直會扯你後腿，瘋狂和演技才會助你一臂之力。女魔頭老闆就算在外頭名聲臭，但她也憑著自己向上管理的本事，爬到了霸凌眾生的管理位置。

大概是伺候瘋老闆的工作壓力太大，苦命阿信這幾年開始感受到健康大不如前。沒時間運動，讓他的體型隨著年資同步攀升。在追求外表光鮮亮麗的外資圈，苦命阿信經常自責沒有同事的帥氣體面外表，愈想著鞭策自己少吃一點、穿體面一點，這樣的心理壓力，又讓自己身體更圓了一些。

阿信有個致命傷，他人品好。願意做事，態度親和，光這兩點在你爭我奪的外資業界就是 Big NO NO。個性隨和，意味著大家都會拿你當踏腳墊，沒事就踩磨你個幾下。在投信圈，沒人有耐心去了解你的人品。外在是一切。你的衣著品味、說話氣勢、學歷頭銜，還有你那滿嘴的數據跟 bullshit，愈華麗，愈唬人。

阿信沒有帥氣的外表，講話比較憨直。女魔頭老闆看準他是軟柿子，情緒一來經常對他使出言語霸凌。阿信曾幾度心灰意冷，透露出求去的姿態，女魔頭老闆卻對他說「你不用養家嗎？你老婆還有兩個小孩，都靠你的薪水，不是嗎？」女魔頭深諳人性，看準有家累的屬下，會為了錢忍氣吞聲，蹂躪起來更肆無忌憚。

苦命阿信很早就聽說我有個御用國師，當我碰到人生難題時，就會跑去找這位塔羅國師諮詢。這一天，阿信打了電話給我，口氣絕望，問我能不能立刻幫我跟國師約個時間，他想算算看女魔頭老闆何時會走。

「這不用問國師啦，這個問我就可以了。你沒辦法算別人的命運喔，你只能問自己的（阿發搖手指貌）。」阿信聽到國師很難約，語氣變得非常沮喪。

但我怎麼看阿信，都覺得他不應該這麼沮喪。因為他在投信圈經歷很久，一個大男人流露出沮喪，一定是碰到人生大關卡。是隨時找工作，隨時都有 offer 的那種。這樣都還不離開，要不信念有問題，要不個性喜歡被虐，再不就是有個大錢洞。

「欸，我問你，你如果離職不工作，你會缺錢嗎？你算一下。」

『……』

「你把房貸、養小孩要用的錢、生活費這些加一加，你覺得一家人省吃儉用可以過幾年？」

『嗯……（凹手指&腦袋計算）五年吧……』

「五年?!五年?!你給我立刻掛電話！」（阿發尖叫）

各位看倌，我們發現阿信是個容易有工作，而且銀行裡有五年的存糧，但卻離不開壞老闆的人，而且還因為個性太善良，成為女魔頭老闆的出氣對象，一輩子無法翻身。讀到這裡，你跟我是不是一樣，仰天長嘆，覺得他把一副好牌都打爛了，籌碼都用光了，人生都變黑白了?!

阿信的經歷帶給我很大的震撼，還有以下三點反思：

第一，我們經常以為是「錢」讓我們離不開一份工作，但錢可能是假議題，因為表面上看起來不用為錢發慌的人，離開一份工作，脫離一個光鮮亮麗的身分，一樣困難。有時候是自我認同的需求，讓我們錯誤擱淺在一個不該屬於我們的泥沼裡。

第二，軟土深掘是人性。如果你個性剛好跟阿信一樣善良體貼，那麼在職場中你千萬要練習，善良只留給值得的人，對同事和老闆「公事公辦」才是對彼此都好的展現。在工作場合中用人情取代實質的利益交換，最後只會淪於互相傷害。練習說No，練習把自己的習慣跟需求講清楚，練習一切的往來都基於實質且互惠的交換（免費的最貴，是真的），拿多少錢辦多少事，如果發展出私交就是bonus……這些練習，是遠比專業技能還重要的職場求生技能。

第三，把你離不開的故事，講給身邊客觀、有洞見的朋友聽。用第三者的角度去看看，你身上有哪些籌碼被你忽略了。以苦命阿信來說，光是他很容易找到工作，家中有五年存糧這件事，就足以讓他隔天回去上班，可以用豁達平衡的姿態，重新看待他跟女魔頭之間的對應關係。

別嘲笑阿信是否卡到陰，怎麼看不清楚自己的籌碼。人到中年後你就會知道，鬼遮眼這件事是千真萬確的。人只有認識自己、把自己的價值看清楚了，缺點也都認了，講話才有力量，做決定才能果斷。

當然，人生要有拋瓦（Power），說走就走，說穿了就兩件事情：

知道自己的戰場在哪！（認識你自己的價值，別跟不值得的人瞎攪和）

替自己打造一座靠山！（隨時跳槽的能力，或有先見之明的財務規劃）

這兩件事情看似很簡單，卻是我們一生的追求。阿發的寓言故事，希望也帶給你一些拋瓦。

替自己打造一座靠山，

才有說走就走的本錢！

逛蝦皮不如逛104

朋友不是社會新鮮人，早已脫離了二、三十歲的生嫩，但多年來，不管他轉戰哪間公司，他始終保持一個好習慣。當別人上班空檔逛蝦皮、逛MOMO時，朋友喜歡流連104或LinkedIn。

碰到有興趣的職缺，他就毫不猶豫地投遞履歷，有時候有面試機會，有時候沒有。朋友始終抱持著平常心，他相信逛人力銀行就是一種市場調查，了解勞力市場最新動態，也了解自己的市場價值。

有次朋友丟來一個訊息，鼎泰豐（你沒看錯，專門炒出銷魂蛋炒飯的台灣之光）正在找文案寫手，「阿發，這是你的菜吧？快上！」想到可以在鼎泰豐一邊吃排骨蛋炒飯，一邊寫有溫度的文案，我整個人熱血沸騰。接著我猛然想到，啊，金害，我的履歷表好多年沒更新了，我還得先修改履歷表……

想到要改履歷表，我開始頭痛，瞬間對排骨蛋炒飯失去了食慾。就這樣一拖延，沒幾天的時間，鼎泰豐的職缺已經關閉，我跟銷魂蛋炒飯終究無緣。朋友訓斥我，「阿發，機會是給準備好的人，把履歷表準備好，看到好標的就要投履歷，不然你以為好工作會突然掉到你頭上嗎？」

朋友說得沒錯。找好工作跟找好對象一樣，需要主動積極，無法不勞而獲。如果被動坐著等人推薦介紹，十之八九容易接到屎缺或 NG 對象。

一位男性友人，已經到了適婚年齡，卻老提起過往情傷，走不出個人哀怨。大家鼓勵他去找好女孩兒，但他卻總是把珍貴的精氣神留給了不會為他帶來幸福的老闆，同時一邊嚷嚷著要大家介紹女朋友給他。

我每次都斥責這位男性友人，你給我振作起來，週五下班後打扮得帥一點，約朋友吃飯喝酒去，到有女孩兒的地方去兜轉，不要下班後去超商拿一打啤酒結帳，接著轉去附近買好三百元滷味，帶回家配 Netflix 最新影集，這樣怎麼可能找到好女孩兒!?別用錯力氣了！（抓肩搖晃）

我自以為是地糾正這位情場滯銷的男性友人，甚至恐嚇他小心不要成為高齡單身漢，沒想到我在求職路上也犯了一樣的懶惰病。

好職缺像酒宴上的熱門菜色，隨著圓形轉盤來到我當前，我還在找筷子湯匙，它們瞬間被轉走，被眼明手快的人瓜分完食。

所以我認真推斷，很多上班族把時間拿來罵公司、團購、吃下午茶，或上網裝忙，卻沒有想到要積極更新履歷表，大家肯定跟我一樣，被懶病拖累。逛蝦皮真的不如逛104，更新履歷表的好處很多。身邊有企圖心的朋友，靠著定期更新履歷，每兩到三年就換工作，工作愈換愈好，薪水早已經翻了兩、三倍。

人性總是好逸惡勞。有天我又陷溺於上班族貧嘴抱怨的魯蛇狀態，好友這次懶得再聽我五四三。「阿發，這是我的履歷表顧問，你找顧問把自己的履歷表好好改一改，不要跟深宮怨婦一樣，去找新對象！」

 # 想中樂透必須先買張樂透

 # 想換工作必須先丟履歷表

老闆總在尋找完美奴才，但你不需要完美才能投履歷

朋友跟我分享，找工作機會和淘寶蝦皮買貨有異曲同工之妙。當你經常看貨、挑貨，經常比較不同賣場和類似商品，你對於商品的好壞和CP值，自然會有一套敏感度。當你看多了人力銀行上的職缺內容，你會發現，多數職缺的工作內容和求才條件經常是包山包海。舉例來說，我隨便找了一個行銷公關整理職缺，工作內容非常華麗扎實：

1. 五年以上行銷、廣告、公關、專案管理等相關經驗
2. 具數位媒體操作經驗，每月分析行銷與廣告工具成效
3. 廣告文案發顯撰寫（官網landing page／數位廣告／關鍵字／廣編稿）
4. 品牌年度發展策略計畫擬定並與數位行銷／公關／社群影音共同執行
5. 與創意部溝通合作出廣告素材
6. 改善團隊作業流程與行銷計劃優化與調整
7. 與通路、商品、訓練、行政團隊密切合作、推升業績成長
8. Landing page 傳播內容 mock-up

9.媒體關係維護、新聞議題發想與創造媒體聲量

10.會員 CRM 找出行銷機會，異業合作

看到工作內容，你腦中應該可以跳出豪門人家挑選媳婦的嚴格畫面，夠格的媳婦必須上得了廳堂、下得了廚房。這份職缺的配備近乎行銷總監等級，你要會所有數位工具的操作，要會寫策略，從下游到上游都要一手包。喔對了，根據職缺條件描述，你最好還要符合以下條件與人格特質：

1.兼具創意與執行力，思緒敏捷，能舉一反三

2.樂於執行跨部門溝通與協商

3.良好的蒐集資料與簡報美化能力，熟稔相關設計軟體尤佳

4.態度正面積極，具配合度和解決問題的能力

5.具獨立完成作業的能力，細心謹慎

看到這裡，你是否會覺得這工作你高攀不起？關掉人力銀行網頁，繼續抱怨、忍受現在的工作，還容易一點？

我想用過來人的經驗，勸你不要輕易被人力銀行的徵才訊息打擊。

徵才的世界，沒有王八配綠豆，沒有門當戶對，老闆永遠在找完美員工，這就像豪門家選媳婦（先不管真豪門或假豪門），條件一定得盡可能列好列滿，就算新郎長得像豬頭、沒有主見、個性是媽寶、也不影響豪門選媳的嚴苛。

同樣的，在徵才的世界，多數老闆都覺得自己是豪門，也都在找好媳婦，如果能找到九十五分的完美對象，何必屈就八十五分的？

現實是，老闆總是開出嚴格的徵才條件，最後卻總是因為個人偏見或現實因素的各種考量，選了一個客觀條件非最高分的人選。

我見識過一位部門主管在面試「助理」職缺時，問對方平常休閒時候都閱讀哪種雜誌，傻孩子沒心眼，照實透露平常都看大美人時尚雜誌，這位主管眉頭一皺，覺得這位人選平常沒有涉獵金融資訊，沒有閱讀經理人、商周這類看似正經的雜誌，在心裡直接扣分，懶得繼續面談。

你如果是那位孩子，你可能勤勞俐落，學習力快，絕對足以勝任部門助理的角色，但只因為你平常沒有看無聊的金融雜誌，又不懂得說謊，這下可好，機會飛走了。這跟豪門選媳婦，認為體型不能過於單薄、屁股不夠大不利增添子嗣，一樣都是個人偏見、極度不科學。

另一個例子，有主管因為受不了上進伶俐的新人，會一直跑來問問題、討工作，這位主管平常只愛做假動作、敷衍老闆，只對訂下午茶勤勞，對 real work 興趣缺缺，上進的部屬只會讓自己更累，於是這位主管後來面試專挑態度溫和認命，看起來就是軟柿子的新人，能力平庸沒關係，這位主管下定決心不給聰明靈活的新人任何一絲扯自己後腿的機會。

所以，你看懂了嗎，千萬別被人力銀行上的 JD 給嚇壞了。面試是為了給自己創造多元機會，有時候就是這麼剛剛好，你剛好被喜歡、剛好被需要，就算你的資歷並不完美。人生要前進，就得厚著臉皮四處叩門找機會，要中樂透都得先買張樂透彩，想要撿到適合的工作機會，當然也要勇於丟履歷表。

想中樂透必須先買張樂透，想換工作必須先丟履歷表。

關於改變，你需要的不是決心，而是壓垮你的最後一根稻草

古希臘數學家阿基米德說過這樣一句威猛的名言：只要給我一根夠長的槓桿和一個支點，我就可以撐起地球。

我不知道阿基米德是在什麼情況下，有這樣的Ah-Ha Moment、頓悟時刻。阿發這幾年觀察性格軟爛的自己，和身邊各式各樣的朋友，也頓悟了一個歪理：想要破釜沉舟，你需要的不是決心，而是壓垮你的最後一根稻草。

・稻草範例一：年薪兩百萬的自由譯者

公司有一位阿兜仔CEO的貼身翻譯，這位同事是精準的人肉翻譯機，在公司服務長達六、七年，不管是員工大會、董事會、高階主管會議，只要阿兜仔CEO在，都可以看到人肉翻譯機的身影。

人肉翻譯機原本進金融圈，只計畫要待個兩三年，熟透金融產業知識、生態，建立人脈後，就可以轉戰下一個產業。只是公司裡同事人很好，愛與關懷的環境，就像舒服的露天溫泉，溫水泡青蛙，翻譯機同事一待竟然就是六、七個年頭。

前陣子她離職了。聚餐時我聊到我很欣賞她的爽快。遞辭呈跟搞一夜情一樣，一眼瞬間明快出手，再創職涯第二春。人肉翻譯機立刻搖頭，澄清離職這件事，她也相當優柔寡斷。想歸想，但總是沒有足夠的動機跟理由下定決心。

「喔？那發生什麼事，讓妳這次下定決心？」

『很簡單。我去參加一個稅務工作坊，發現裡頭很多我的口譯圈朋友，自由業的，年薪都超過兩百萬。我就想，媽的，我在幹嘛啊！』

稅務工作坊，不，參加稅務工作坊同業朋友的年薪，是壓垮人肉翻譯機同事的最後一根稻草。**沒有重磅衝擊，就沒有明快的決心**。

・稻草範例二：不斷秀人品下限的老闆

人是一種慣性動物，我們很習慣在自己創造出來的軌道上前進，就算不舒服，我們也會擠出很多藉口跟道理，說服自己適應再適應，忍耐再忍耐。被人肉翻譯機同事一提點，我腦中的人生跑馬燈立刻小碎步翻起過往的離職往事，來驗證「最後一根稻草帶來強烈決心」的歪理。

這歪理，是真的！好幾年前，我在職涯轉型的時候，曾經傻里傻氣用骨折般的薪水，跟了一對創業老闆夫妻。工作沒幾個月，就開始隱隱有很多不舒服的感受。比如老闆會用漂亮的話術，包裝強勢的要求。開出所謂為你好的發展支票，但後來都會跳票。每當我有自己的想法，老闆就說我不夠有耐心，不懂得蹲低，不懂得先燃燒自己好墊高公司品牌。

這些，都是稻草，讓工作的我心頭有點沉重，雖然會懷疑自己是否跟錯了老闆，但內建奴性會說服自己不要想太多。僅管身邊明眼的朋友都會勸我，阿發，跟對老闆，你的才華才會發光發熱，跟錯老闆，你的才華就只是舒潔三層式衛生紙，比較厚軟舒服，但最後還是用完就丟。

我不舒服，但我說服自己熬著。直到有一天，老闆跟我提到如果未來我開課，公司要抽成六十五%，因為我是內部員工，投資內部員工有成本，像我手頭處理的文案啊，外面請寫手寫，一篇也只要兩千元，blah blah……

現在回想起來，那一刻，就是那所謂的最後一根稻草了。

我還記得當初聽著老闆的盤算，心頭一沉，內心有個按鍵喀拉響起。That's it! 夠了，這已經是我可以忍受的底限，我不會跟著一個 cheap 的老闆。就是這根稻草，這個關鍵頓悟，讓我決心離開。離開後的每一天，我的人生都在走上坡。

人生的磨難靠歪理拯救
用喜樂的心迎接稻草堆

我不知道你是不是跟我一樣，有著糾結體質。我們的人生不是一根直腸，任何想法掉進我們的腦子裡，就注定得經過千迴百轉的思想消化道。

糾結的時候，會很想趕快找答案、找解脫。

你也許會怪自己為什麼就是不能牙一咬，離開不該愛的人，離開不該跟的老闆。你知道眼前的狀況不對，你不知道該怎麼辦，你只能一而再、再而三跟你身邊的親朋好友訴苦，問他們該怎麼辦，拉著他們在你的思考消化道千迴百轉……你身邊的人會跟你說很多解決方案跟大道理，告訴你如果你無法下定決心，你就只能繼續陷溺在愁苦裡，日復一日靠么，一世人撿角……

是的，你的朋友都是對的，那些大道裡都是對的。但我想說的是，不要屈服於那些大道理，因為誰不知道人生要破釜沉舟，都要決心。

如果可以，減少找親朋好友抱怨靠么。因為你的親朋好友會捨不得你，會跟你講大道理，要你展現決心。但你不會聽的！請你自己負起找出口的責任，等待決心成熟的那一刻。你可以繼續去感覺你的糾結，繼續去體會天公伯送來的每一根稻草，每一個讓你不舒服，讓你想逃，讓你火大的所有事件，都在跟你說著什麼？

終究，你會等到壓垮你的那根大稻草，接著你就會拍拍屁股，離開你深陷的泥沼。用你的速度下決心，這樣的改變比鑽石恒久遠。

如果你卡在一段離不開的關係
千萬不要責怪自己沒有下決心
你只要繼續等待最後一根稻草
人生的困難都有歪理可以解決

沒有重磅衝擊，
就沒有明快的決心。

後記

職場如劇場

二〇二一年元旦一早醒來，還躺在床上的我，竟然接收到未來的阿發寫給自己的一封信。雖然這不是什麼鬼怪的經驗，但未來的自己跟現在的自己講話這件事，我覺得很有啟發，所以我要公布這封信，跟你們分享。

Dear 阿發：

二〇二〇年的最後一天，你表現得棒極了。會議室裡，你的同事們嘴巴一開一合，不斷地吐出一些話，這些話引發你全身非自主性地過敏症狀，像是嘴角抽搐，鼻孔噴氣，略翻白眼，低頭猛敲電腦……

這是職場過敏症，好發於像你這樣對主管、對人性、對群體智力還有夢幻期待的天真上班族。我知道你為了治療自己的過敏症頭，做了很大的努力。你會不時向身邊的智囊團同事或民間友人請教鍛鍊職場高EQ的祕訣。同時，你的面部表情管理有了長足的進步。過去，過敏症發作時，我會看到你大量的白眼，僵硬肅穆的臭臉，如今你不一樣了。

二〇二〇年最後一天，會議室裡，我看到你嘴角抿著溫和得體的假笑，眼珠裡閃著誠懇的星芒。

非常會演！

我聽到你在內心對自己喊話，都二〇二〇最後一天了，就讓小主管盡情展現自己，讓他自由奔放做自己吧。別問蒼天，為什麼職場中總有好多男性同胞需要處處把握機會說教、展現優越感？別問蒼天，那些自我感覺一百分實力三十分的同事，平常都喝什麼吃什麼來餵養自己的信心？

噓噓噓……

不要問，也不要管。

人生狹路相逢，此時此刻，你和這些各式各樣的草包演員，必須在人生舞台上，扮演互相扶持、團隊一家親的溫情戲碼。如果可以有選擇，誰不想和梅莉史翠普或湯姆漢克斯對戲？但不好意思，此時此刻，你只能跟劉德華對戲。

啊，歹勢歹勢，這比喻傷害了劉德華。反正我要說的是，此時此刻，就算你只能跟八點檔連續劇那些F咖或G咖對戲，那也是是老天爺給你的腳本。

你不能怪這些膨風的F咖或G咖演技爛，你要稱職扮演好你的配角戲碼，精實地演完你的戲，然後向宇宙投射出純然且專注的心念。你可以這樣跟天公伯許願：

「天公伯啊，我願意好好修練我自己。我願意保守我的心，保守我的注意力，不被這些惱人的肉咖干擾。希望我下一檔戲，可以跟梁朝偉對戲。麻煩您了！」

親愛的阿發，我很欣慰地看到，過去這一年來，你開始練習把注意力放回自己身上。以前的你，會憤怒地問天公伯十萬個為什麼，或是指著別人問憑什麼。現在，我知道你經常問自己「**我想要什麼？**」

知道自己要什麼，是很有力量的一件事。從目標回推，你就知道該怎麼應對進退，別白花力氣讓自己遠離真正重要的目標。以前你會期許自己是人上人，但你現在接受自己就跟多數人一樣是個普通人。

而普通人也可以過得有滋有味。

我發現你比較少對自己發脾氣，雖然多數時候你還是像金頂電池忙個不停，但我知道你愈來愈懂得選擇把自己的時間跟精力給哪些人事物。我看到你變得開心，也更常選擇讓你開心有能量的人事物，同時，你也開始對身旁的人變得寬容，罵別人北七的頻率正在下降。

因為你開始對自己寬容，才有辦法也對別人寬容。我知道你還沒完全更生，你依然會抱怨那些讓你不爽的人事物，但你抱怨的頻率跟時間縮短了。你開始產生理解，理解每個人的可愛或可惡，都只是相對論。我們很容易笑看身邊那些有著各種缺陷的好朋友們，但我們卻喜歡在大太陽下拿著放大鏡往主管或同事身上照，我們放大這些人的缺陷，希望太陽透過放大鏡折射，一把火燒死他們，但我們都忘了，這些人萬一是我們身邊的好朋友或親戚們，我們也只會笑看他們的荒唐，然後嚷嚷說著，某某某其實是好人啦，你看他在公司是北七，但他很有愛心耶，假日都去流浪動物組織當志工捏。

我很驕傲，你愈來愈能讀懂人性。**懂人性，可以讓我們節省很多精力**。

因為懂人性，所以你才能讀懂別人膨風表象下的空虛，愛端架子背後的權威階級意識，天外發來一筆的提議只是為了刷存在感，委婉好聽的漂亮話其實只是溫柔暴力。

只要你看懂讀懂了，你就只要對自己默念「讓他們演完」這五字咒。**讓對手演完，就是職場中最敬業的態度**。讓他們演完，但你不接球，也不讓對手彆腳的演技影響你一整天的心靈平和，如果你能達到這樣的境界，阿發，你整個人正在閃閃發光，我不相信宇宙下次不會派梁朝偉來跟你對戲。

阿發，除了稱讚你過往一年在職場中的努力，我也想請你閉眼靜心，在你的心裡看見你生命中有好多值得感恩的人。包括一直唸你但也一直愛護你的家人。善待你，啟發你，娛樂你，也鞭策你的同事長官們。素昧平生但看你文章的有緣讀者們，給你機會的出版社編輯們。幫你鍛鍊身體的健身教練，幫你指點迷津的人類圖國師，讓你愛上運動的瑜珈老師們，等等等等。

還有更多更多，過去一整年發生在你身上的事情，跟著你的足跡回顧，看見每一件發生在你生命中的經驗，看見你的喜歡和不喜歡，看見你的努力或逃避，看見天公伯給了你很多禮物和考驗，同時對所有的發生，產生新的理解。

阿發，二〇二〇年，你很努力，你演得很好。

我祝福你，繼續在人生的劇場裡享受每次的演出。把焦點放在自己身上，讓自己變得更好、更平和，也祝福你早日脫離F咖G咖，和大咖對戲。

未來的阿發

台灣廣廈 國際出版集團
Taiwan Mansion International Group

國家圖書館出版品預行編目（CIP）資料

今天的人設是專業上班族：職場如劇場，每天演技進步1%，靈肉分離的快樂就會滿出來！ / 阿發的寫作日常（譚宥宜 Afra）著. -- 初版. -- 新北市：蘋果屋, 2021.11
面； 公分

ISBN 978-986-06689-6-4
1.職場成功法 2.心理勵志

494.35 110014590

今天的人設是專業上班族

職場如劇場，每天演技進步1%，靈肉分離的快樂就會滿出來！

作　　者／阿發的寫作日常（譚宥宜 Afra）
編輯中心編輯長／張秀環・**執行編輯**／蔡沐晨
內頁排版／菩薩蠻數位文化有限公司
封面設計／Bianco Tsai
製版・印刷・裝訂／東豪・紘億・弼聖，秉成

行企研發中心總監／陳冠蒨
媒體公關組／陳柔彣
綜合業務組／何欣穎

發 行 人／江媛珍
法律顧問／第一國際法律事務所 余淑杏律師・北辰著作權事務所 蕭雄淋律師
出　　版／蘋果屋
發　　行／蘋果屋出版社有限公司
地址：新北市235中和區中山路二段359巷7號2樓
電話：（886）2-2225-5777・傳真：（886）2-2225-8052

代理印務・全球總經銷／知遠文化事業有限公司
地址：新北市222深坑區北深路三段155巷25號5樓
電話：（886）2-2664-8800・傳真：（886）2-2664-8801
郵政劃撥／劃撥帳號：18836722
劃撥戶名：知遠文化事業有限公司（※單次購書金額未達1000元，請另付70元郵資。）

■出版日期：2021年11月
ISBN：978-986-06689-6-4